꽃들이 나에게 들려준 이야기

# 04 나무에서 피는 꽃

# 꽃들이 나에게 들려준 이야기

## 04 나무에서 피는 꽃

이재능 지음

(학)신구학원 신구문화사

# 책을 내면서

어느 해 하얀 겨울에 하늘빛을 닮은 조그마한 꽃이 유난히 눈길을 끌었습니다. 살아오면서 무심하게 스친 꽃들은 셀 수도 없었겠지만 '이 꽃 이름이 무얼까?' 하는 진한 호기심이 일었던 만남은 처음이었습니다. 작은 야생화 도감을 사서 알아낸 그 풀의 이름은 큰개불알풀이었습니다. 약간은 기이하게 들렸던 그 이름이 다른 풀과 나무들의 이름을 익히는 재미에 빠져들게 했습니다. 전에는 몰랐던 풀과 나무의 이름을 불러주었을 때 그들은 친구가 되었고, 저마다의 이야기를 들려주었습니다. 소년 시절에는 제대로 의미를 몰랐던 '학이시습지 불역열호'(學而時習之 不亦說乎)를 식물이름 공부를 하면서 비로소 실감하였습니다.

식물들을 찾아다니는 길에서 많은 꽃벗들을 만났고 즐거움을 함께하였습니다. 뜻밖에 만난 귀한 식물, 고생 끝에 찾아낸 풀과 나무, 별나게 생긴 꽃, 사라져가는 안타까운 종 등등에 대한 이야기는 끝이 없었고 동호인들과의 유대도 깊어갔습니다. 그러한 식물들에 열광한 벗들과 여러 고산준령과 심산유곡은 물론, 제주도, 울릉도, 대청도 등지를 탐사하며 즐거운 추억을 쌓았고 북녘 땅에 자라고 있을 식물들에 대한 갈증을 달래기 위해 백두산과 동북아시아 일원까지도 여러 차례 둘러보았습니다.

그렇게 십여 년이 지난 즈음에는 산과 들에서 만나는 식물들의 이름을 거의 익히게 되었습니다. 식물들이 살아가는 모습 자체로도 많은 이야기를 들려주지만 그 이름을 알고 만날 때는 더 흥미롭고 진지한 이야기를 들을 수 있었습니다. 이름은 한 식물의 정체성을 나타낼 뿐만 아니라 옛사람들의 삶에 어떻게 수용되었는지도 엿볼 수 있게 해주었습니다. 전설이 이름을 낳기도 하고 이름이 전설을 만들기도 하였습니다.

식물이름 공부에서 아쉬웠던 점은 식물명의 유래에 대하여 공감하고 신뢰할 수 있는 자료의 빈곤이었습니다. 인터넷에 떠도는 미심쩍은 유래설에 꽃벗들이 의아해하기도 했습니다. 게다가 근대식물분류학이 도입된 이후에 새로 발견되어 붙여진 이름들은 불합리하거나 무성의하다는 느낌도 들었습니다.

기존의 유래설과는 다른 생각과 사리에 맞지 않은 작명에 대한 단상을 한 토막씩 동호회의 홈페이지에 게재하였더니 뜻밖의 호응과 격려를 받아 『꽃들이 나에게 들려준 이야기』라는 책을 내게 되었습니다. 부르기 쉽게 '꽃나들이'로 회자되는 연작 1, 2, 3권을 통하여 우리나라에 자생하는 초본 1,300여 종의 이름을 주제로 나름의 소견이나 느낌을 정리해 보았습니다. 꽃에 대한 민족 고유의 정서를 오롯이 품고 있는 아름다운 이름이 있는가 하면 이웃나라의 꽃이름을 무성의하게 베낀 듯한 이름이라든가 식물의 근연관계를 헷갈리게 하는 이름, 상식을 벗어난 이름도 많았습니다. 그러한 이름들에서 느꼈던 감탄과 안타까움을 글로 옮겨보는 작업도 무척 보람이 있었습니다.

꽃나들이 4, 5권에서는 나무 이야기를 다루었습니다. 지난 몇 년 동안 육지에서는 보기 어려운 식물들의 탐사를 위해 제주도에 머물렀던 연유로 이태 전에 꽃나들이 5권, '남녘 나무에 피는 꽃'을 먼저 출간하였습니다. 이번에 내는 4권, '나무에서 피는 꽃'은 남해안과 제주 지방을 제외한 한반도의 대부분 지역에 분포하는 나무들이 들려준 이야기를 담았습니다. 기왕에 시작한 시리즈의 제목이 '어디 어디에서 피는 꽃'이라고 운을 뗀지라, 나무보다 꽃이 주제처럼 보이는 '나무에서 피는 꽃'이라는 부제는 독자 제현들께서 해량하시리라 믿습니다.

나무들의 이름은 풀들의 이름에 비해 어떤 거부감이랄까 아쉬움이 덜하였습니다. 새로운 변종들이 계속 발견되어 어설픈 접두사를 달고 발표되는 풀 이름과는 달리 나무의 이름은 대다수가 귀에 익은 때문인 듯합니다. 나무들은 풀들에 비해 훨씬 크기 때문에 옛날부터 충분히 인지되었으므로 새로운 종의 발견과 그에 수반되는 작명이 적었을 거라는 추측을 해 보았습니다. 풀꽃들의 이야기를 쓴 책에서는 그 이름에 대한 아쉬움을 토로한 내용이 많았다면 나무 이야기에서는 오랜 연륜이 품고 있는 이야기를 풀어내는 일이 즐거웠습니다.

이렇게 출간한 연작 『꽃들이 나에게 들려준 이야기』 다섯 권과 『제주도 꽃나들이』, 『백두산 꽃나들이』를 합하여 어느덧 일곱 권의 책을 내게 되었습니다. 돌이켜보니 식물에 대해 제대로 배운 적이 없는 아마추어가 함부로 저지른 부끄럽고도 외람된 일이었습니다. 무모하기 짝이 없는 소행을 격려해주고 도와주신 많은 분들 덕분에 이 책들을 낼 수 있었습니다. 어쩌면 이 책이 '꽃나들이' 시리즈의 마지막이 될 듯도 해서 이 자리를 빌어 그동안 크나큰 도움을 주신 분들에게 감사의 말씀을 올립니다.

우선 어설프기 짝이 없는 원고를 꼼꼼하게 살펴주시고 조언해주신 우계 이상옥(友溪 李相沃) 선생님과 모산 이익섭(茅山 李翊燮) 선생님께 깊이 감사합니다. 비단 이 책에 대한 격려와 조언뿐만 아니라 직접 꽃들을 탐사하셨던 소회를 책으로 낸 우계 선생님의 『가을 봄 여름 없이』와 모산 선생님의 『(꽃길 따라 거니는) 우리말 산책』 등 여러 글들에서도 귀한 가르침을 얻었습니다.

출판업계의 어려움에도 불구하고 수년 동안 졸저(拙著), 꽃나들이 시리즈를 출판해주신 신구문화사 임미영 사장님과 최승복 부장님께 대한 고마움도 말로 다하기 어렵습니다. 그리고 절친한 꽃벗이자 물심양면으로 도움을 아끼지 않은 학교법인 신구학원 이사 김광섭 님께도 이 지면을 빌어 깊은 감사의 뜻을 전합니다.

아울러 어설픈 글을 즐거이 읽어주고 갈채를 보내준 '자연을 사랑하는 모임, 인디카(indica)'의 꽃벗들에게 감사합니다. 인디카의 많은 분들로부터 식물에 관한 정보와 귀한 사진들을 얻을 수 없었더라면 이 책들을 낼 엄두를 내지 못했을 것입니다. 여러 꽃벗들과 산과 들을 누비며 나누었던 행복한 시간들도 오래오래 간직하겠습니다.

무엇보다도 수년 동안 제주도와 영덕의 고향집에서 탐구와 집필에 전념할 수 있도록 배려해준 아내와 자녀들에게 고맙고 미안한 마음은 이루 말할 수가 없습니다. 고향집에 기거하는 동안에는 연로하신 부모님과 뒷바라지를 해준 동생에게 짐이 되지나 않았는지 송구하고 미안할 따름입니다.

이 책은 사실 꽃 이야기를 빙자한 자서전임을 고백하지 않을 수 없습니다. 고향을 떠나 산업화와 정보화의 소용돌이를 헤쳐 나가는 동안 소원(疏遠)해졌던 풀과 나무들을 다시 만났을 때 새록새록 떠오른 아름다운 추억이 많았습니다. 두메산골에서 보냈던 어린 시절을 이제는 내 인생의 가장 행복한 나날들로 기록하고 싶었습니다.

언젠가 나의 손자 손녀들이 이 옛이야기를 한 번쯤 읽어보리라는 기대를 감추고 싶지 않습니다. 우리가 살았던 시대를 기억해달라는 바람보다는 과거에서 미래로 이어지는 작은 징검다리를 남기고 싶었습니다. 어쩌면 자연과 더 멀어질는지도 모를 다음 세대들이 나무와 풀들이 들려주는 이야기 속에서 작은 행복을 찾을 수 있기를 소망합니다.

2022. 8.

영덕 고향집에서

# 차례

## 01 자주 보는 떨기나무

## 02 산중의 떨기나무

## 03 주변의 큰키나무들

## 04 드문드문 보는 큰키나무

## 05 덩굴과 아주 작은 나무들

## 06 그곳에만 자라는 나무

## 07 북방 높은 산의 나무

# 01 자주 보는 떨기나무

마을 주변의 산과 들에서 자주 만나는 떨기나무들은
오랜 세월 익숙해진 이름만큼이나 정겨운 나무들이다.
진달래와 생강나무는 앞산 뒷산 어딜 가나 반겨주었고
국수나무와 고추나무는 산길을 함께하는 길동무였다.
논둑 밭둑에는 봄마다 조팝나무가 해맑게 꽃 피웠고
쥐똥나무는 집과 밭 둘레를 지키는 울타리 노릇을 했다.
우리나라 어디서나 흔히 자라는 이러한 떨기나무들은
고향 동무들과 뛰놀던 시절의 추억을 불러주기도 한다.

올괴불나무

# 복사꽃

이름마저 잊혀진
십 리 산중 마을
오래된 집터
무너진 담장 옆
복사꽃 피었다

아이들 재잘대던 골목길
아낙들 웃음꽃 우물터는
흔적마저 희미한데
적막한 골짜기에
산새 소리 외롭다

사라진 고향에
봄은 다시 오고
외로운 복사꽃이
울고 있다

**복사나무** *Prunus persica* (L.) Stokes

마을 인근의 산지나 계곡 부근에서 자라는 장미과의 갈잎떨기나무.
3~4월에 잎이 나기 전에 지름 3cm 정도의 분홍색 꽃이 핀다.
고대에 중국에서 들여와 재배하였고 오랜 기간 야화되었다.

# 김유정의 노란 동백꽃 생강나무

**생강나무** *Lindera obtusiloba* Blume

전국의 산지에 널리 분포하는 녹나무과의 떨기나무로 3~6m 높이로 자란다.
암수딴그루로 3~4월에 잎이 나기 전에 피는 꽃에서 생강 비슷한 냄새가 난다.
열매는 지름 7mm 정도의 구형으로 여기서 짠 기름을 동백기름이라고도 한다.

1970년대까지만 하더라도 시골에서는 산에 가서 땔감을 구했다. 지금은 동화에 나 나오는 나무꾼들의 시대였다. 유년의 어느 날 옆집 아저씨의 나뭇짐 위에 얹힌 노란 꽃을 처음 보았다. 호기심 어린 걸음으로 다가갔을 때 상큼한 향기를 쏘아준 그 꽃은 생강나무의 꽃이었다. 계절의 변화를 알아가는 산골 아이가 처음 경험한 봄은 그렇게 노랗고 강렬한 향기로 왔었다. 그 첫 만남으로부터 생강나무의 개화는 내게 봄을 알리는 전령이었고 노란 꽃향기와 함께 그때 나뭇짐 위로 삐죽 솟아나온 생강나무 가지가 떠오르곤 했다.

　생강나무 꽃이 필 무렵에는 그와 너무도 닮은 산수유 꽃도 시샘하듯 핀다. 언제부터인가 고향 마을에서도 한 집 두 집 산수유를 심기 시작했다. 화사하게

생강나무 꽃(왼쪽)과 산수유 꽃(오른쪽)

피는 꽃과 가을의 붉은 열매가 아름답거니와 열매는 여러모로 몸에 좋다는 입소문 때문이었으리라. 층층나무과에 속하는 산수유는 멀리서 보면 생강나무와 비슷하지만 꽃의 생김새가 다르고 생강 냄새도 나지 않는다. 대체로 산수유는 심어 기르는 나무여서 동네 주변에서 다른 나무의 간섭 없이 자라고 생강나무는 산속에서 고만고만한 다른 나무들과 어울려 살기 때문에 생김새의 차이를 애써 기억할 필요는 없다.

강원도에서는 생강나무를 동백나무라고 부른다. 온난한 지방에서 자라는 동백나무를 보기 어려운 강원도에서는 생강나무 열매에서 동백 열매의 것과 비슷한 기름을 얻었다고 한다. 춘천 부근이 고향인 소설가 김유정의 단편 '동백꽃'도 바로 생강나무의 꽃이었다. '동백꽃'은 주인공이 '나'로 등장하는 1인칭 소설로 줄거리는 다음과 같다.

> 망아지 만한 계집애 점순이는 마름의 딸이고 나는 그 집 소작인의 아들이다. 점순이는 종종 힘센 자기네 수탉과 우리집 작은 수탉과 싸움을 붙여 나를 약 올렸는데, 어느 날 점순이가 치마폭에 감추어 온 따끈한 감자를 거절한 뒤로 그 정도가 더 심해졌다. 그 일이 있고 며칠 후 내가 산에서 나무를 지고 내려오다가 보니 점순이가 또 닭싸움을 붙여서 우리 닭이 거의 죽을

지경에 이르렀다. 홧김에 점순네 수탉을 패대기를 쳐서 죽인 나는 겁이 나서 울음을 터뜨렸다. 그러나 점순이는 일러바치지 않겠다고 하며, 나를 잡고 동백꽃 속으로 쓰러져 버린다.

이 소설에서 가장 극적이고 상징적인 부분은 노란 동백꽃이 등장하는 마지막 대목이다. 그 상황이 다음과 같이 묘사되어 있다.

그리고 뭣에 떠다 밀렸는지 나의 어깨를 짚은 채 그대로 퍽 쓰러진다. 그 바람에 나의 몸뚱이도 겹쳐서 쓰러지며, 한창 피어 퍼드러진 노란 동백꽃 속으로 폭 파묻혀 버렸다.

알싸한, 그리고 향긋한 그 냄새에 나는 땅이 꺼지는 듯이 온 정신이 고만 아찔하였다.

이 소설에서 단 한 번, 그러나 강렬한 이미지로 등장하는 '노란 동백꽃'이 생강나무 꽃이다. 여기서 '알싸한, 그리고 향긋한 그 냄새'는 단지 생강나무에서 나는 것만은 아니었을 터이다.

생강나무 잎

# 희미한 추억 올괴불과 길마가지

**올괴불나무** *Lonicera praeflorens* Batalin

제주도를 제외한 전국의 산지에서 키 높이 남짓 자라는 인동과의 갈잎떨기나무.
3월 초순부터 잎이 나기 전에 잎겨드랑이에서 연분홍색의 꽃이 2개씩 달린다.
열매는 지름 7mm 정도의 구형으로 거의 붙어 있고 5~6월에 붉게 익는다.

오래전에 우리 주변에서 사라진 것들을 상기시켜 주는 나무가 있다. 이른봄에 귀여운 꽃을 피우는 올괴불나무나 길마가지나무 같은 것들이다. 식물들의 이름 중에는 그 의미를 짐작하기 어려운 것들이 많은데, 이들처럼 유래가 분명한 이름은 친근감이 더하고 쉽게 잊히지도 않는다.

올괴불나무의 꽃은 얍실한 꽃잎에다 긴 수술 끝에 빨간 꽃밥이 달려 있어서 연분홍 드레스에 빨간 슈즈를 신은 발레리나를 닮았다고들 한다. 올괴불의 '올'에는 이른봄의 향기가 깃들어 있다. 여러 가지 괴불나무 중에서 가장 먼저 꽃을 피우기 때문에 붙은 '올'이다. '괴불'은 고양이 불알의 옛말이다. 작고 동글동글한 열매 두 개가 거의 붙어 있어서 수고양이의 그것과 많이 닮았다. 괴불나무를 비롯해서 각시괴불, 홍괴불, 흰괴불 등 '괴불' 돌림자를 쓰는 예닐곱 종의 나무는 열매 두 개가 절반 이상 붙어 있다.

괴불의 다른 한 가지 의미는 작은 주머니에 솜을 넣어 도톰하게 만든 수예품이다. 삼재(三災)를 쫓는 부적으로 삼았기 때문인지 대개 삼각형으로 만들었다. 괴불은 노리개에 엮어서 몸에 지니기도 했고 반세기 전까지는 사진틀 같은 것을 받치는 장식으로도 썼다.

올괴불나무와 많이 닮은 길마가지나무의 꽃은 노란색 꽃밥이 달린다. 동글동글한 올괴불나무 열매에 비해 길마가지나무 열매는 길쭉하며 아랫부분의 절반 정도가 서로 붙어 있어서 반바지 모양이다. 백성들 십중팔구가 농사를 짓던 옛날에는 이 열매에서 길마를 먼저 떠올린 듯하다. 길마는 소나 말의 등에 얹어 수레를 끌거나 짐을 싣는 기구인데 동물의 등 모양에 맞게 걸쳐지도록 'ㅅ'자 모양으로 되어 있다.

올괴불나무 열매와 고양이 고환

길마가지나무 열매와 길마

올괴불나무나 길마가지나무의 이름은 봄의 정경과 썩 어울린다. 봄과 괴불은 '봄은 고양이로다'라는 이장희의 시를 징검다리 삼아 만나고, 길마는 농사일을 시작하면서 소와 농부가 바빠지는 봄의 풍경에 썩 어울리는 소품이다.

괴불이나 길마는 요즈음 거의 볼 수가 없는 옛 물건이어서 지금 노년에 접어드는 사람들에게도 가물가물한 이름이다. 괴불은 산업화시대가 시작될 때 골동품상들이 수집해가서 민속박물관 같은 곳에 남아 있고, 길마는 더러 헐리지 않은 시골집 헛간에서 세월의 먼지를 뒤집어쓰고 있다.

두메산골에서 어린 시절을 보낸 나는 이런 것들을 흔히 보며 자랐다. 올괴불과 길마가지 꽃이 피는 봄에 오십여 년 만에 고향으로 돌아와 어느 폐가의 외양간 시렁에서 길마를 찾아냈다. 컴컴한 시렁 위에서 유물 발굴하듯 찾아낸 길마는 아득한 추억을 생생하게 소환해 주었다. 세월의 먼지가 두텁게 쌓인 길마에서 소를 몰고 들로 나가던 할아버지와 외양간 가마솥 앞에서 도란거리며 소죽을 끓이던 옛 친구의 모습이 아른거렸다.

### 길마가지나무

*Lonicera harae* Makino

전국의 산지에 분포하나 남부지방으로 갈수록 흔하고 키 높이 정도로 자란다. 2~4월에 잎이 나올 때 잎겨드랑이에서 2개의 꽃이 흰색이나 연분홍색으로 핀다. 길쭉한 구형의 열매는 반 정도가 붙어 있어 반바지처럼 보이고 5~6월에 익는다.

### 괴불나무

*Lonicera maackii* (Rupr.) Maxim.

전국의 숲 가장자리와 계곡 부근에서 2~5m 높이로 자라는 갈잎떨기나무. 가지의 속이 비어 있고 잎은 달걀 모양으로 끝이 꼬리처럼 길게 뾰족하다. 5~6월에 줄기 위에 흰 꽃이 2개씩 마주나며 규칙적으로 가지런히 달린다.

## 각시괴불나무

*Lonicera chrysantha* Turcz. ex Ledeb.

중부 이북의 산지에서 2~4m 높이로 자라며 어린 가지 속이 비어 있다. 괴불나무와 잎 모양은 비슷하나 양면에 뻣뻣한 털이 밀생하는 차이가 있다. 꽃차례가 곧추서는 편이고 꽃은 연한 노랑에서 짙은 노랑으로 변한다.

## 홍괴불나무

*Lonicera maximowiczii* (Rupr.) Regel

지리산 이북의 높은 산지의 능선이나 정상부에서 1~2m 높이로 자란다. 가지 단면의 속이 차 있고 잎은 장타원형으로 양끝이 뾰족하다. 5~6월에 자주색의 꽃이 2개씩 달리고 열매는 2개가 하나처럼 붙어 있다.

**흰괴불나무**(*L. tatarinowii* var. *leptantha*)는 홍괴불나무와 유사하나 잎 뒷면에 털이 밀생하여 회백색으로 보이므로 구별된다.

©장기영

## 청괴불나무

*Lonicera subsessilis* Rehder

황해도 이남의 산지에서 1~2m 높이로 자라는 한반도 고유종이다. 수술 4개가 화관 밖으로 길게 나온다(다른 괴불나무들의 수술은 5개다). 잎 양면에 털이 거의 없으며, 열매 2개가 합착되어 1개처럼 보인다.

©선광렬

## 왕괴불나무

*Lonicera vidalii* Franch. & Sav.

덕유산, 계방산, 오대산 등지에서 드물게 자라며 높이는 3~5m 정도다. 어린 가지와 잎 뒷면에 미세한 선점이 빽빽하게 나는 특징이 있다. 꽃은 흰색에서 연노란색으로 변하며 열매는 2개가 절반 이상 붙어 있다.

### 댕댕이나무

*Lonicera caerulea* L.

한라산과 강원 북부의 높은 산 정상부에서 허리 높이 정도로 자란다. 가운데 줄기에 나는 턱잎 2개가 완전히 붙어서 목도리처럼 줄기를 감싼다. 5~6월에 황백색의 꽃이 2개씩 달리며 꽃부리 끝이 활짝 벌어지지 않는다. 열매는 길이 1.5cm 정도로 길쭉하며, 흑자색으로 겉에 백색 분이 생긴다.

©이시연

### 구슬댕댕이

*Lonicera vesicaria* Kom.

경북 북부 및 강원도의 석회암지대 산지 능선에서 3m 정도 높이로 자란다. 잎의 아래쪽은 둥글고 끝은 뾰족하며, 꽃은 가지 끝부분에서 2개씩 달린다. 열매는 지름 1cm 정도의 구형으로 반쯤 붙어 있고 잎 모양의 포에 싸여 있다.

# 내 마음의 나라꽃 진달래꽃

**진달래** *Rhododendron mucronulatum* Turcz.

전국의 산지에 분포하는 진달래과의 갈잎떨기나무로 2~3m 정도 자란다. 3~4월에 잎이 나기 전에 가지 끝에 1~5개씩 깔때기 모양의 꽃이 달린다. 흰 꽃이 피는 흰진달래, 잎 뒷면에 털이 있는 털진달래로 세분하기도 한다.

내 인생에서 가장 기억에 남는 수업은 고등학교 1학년 봄의 국어 시간이었다. 당시 국어 교과서의 시작 부분에 한국의 명시 십 수 편이 수록되어 있었다. 윤사월, 나그네, 승무, 진달래꽃, 님의 침묵, 깃발, 청포도, 광야 등등의 몇몇 토막은 지금도 또렷하게 각인되어 있다. 동창생들 역시 어떤 감흥이 맞아떨어지는 정황에서는 이런 명시의 구절을 자연스레 읊조린다.

©김용대

주옥같은 명시의 구절구절을 청춘에 드는 학생들에게 제대로 맛보게 해 주시려는 국어 선생님의 열정적인 강의가 영화의 명장면처럼 잊히지 않는다. 그 국어 선생님은 지금 한국문단의 거장으로 우뚝 서 계시는 조정래 선생이었다. 그해 봄의 수업 중에서도 특히 기억에 남는 대목은 소월의 '진달래꽃'이었다. 조정래 선생은 교과서 전체 진도는 아랑곳하지 않고 시 몇 편으로 한 학기를 보낼 정도로 깊이 있고 열정적인 강의를 했던 괴짜였다. '가시는 걸음걸음 놓인 그 꽃을 사뿐히 즈려밟고 가시옵소서'라는 구절 하나로 몇 시간을 열강했을 정도였으니 진달래꽃에 스민 이별의 정서와 한이 수십 년이 흐른 지금도 생생한 기억으로 남아 있다.

그 수업이 아니었어도 진달래꽃은 이미 내 몸과 영혼 속에 깊이 자리 잡은 꽃이었다. 어머니는 진달래 꽃잎으로 화전(花煎)을 부쳐주셨던 어느 해 봄을 지나고 다시 못 올 길을 떠나셨다. 초등학교 시절 학교를 파하고 돌아오는 길에 진달래꽃 흐드러지게 핀 산비탈로 무작정 뛰어들어 새콤달콤한 꽃잎을 따먹으며 그리움을 달랬던 기억은 지금도 나를 많이 아프게 한다.

이 나라 삼천리 방방곡곡에 진달래가 없는 산을 나는 알지 못한다. 백두산 상상봉부터 한라산 꼭대기까지 온갖 종류의 진달래꽃들이 피고 진다. 백두산 고산초원을 아름답게 수놓는 담자리참꽃, 좀참꽃들, 그리고 한라산의 참꽃나무와 철쭉까지 모두 진달래의 형제자매들이다. 내륙에는 꼬리진달래나 흰참꽃들이 제각기 다양한 모습으로 살아가고 있다.

진달래는 심어 가꾸지 않아도 이 땅 어느 곳에서도 자라고 유구한 세월을 겨레와 함께한 꽃이다. '고향의 봄' 노래에 등장하는 아기진달래로부터 민족시인 소월의 '영변에 약산 진달래'까지 이 나라 백성들의 가슴마다 피고 지는 꽃이 진달래만한 꽃이 있을까 싶다.

법이나 조례로 정한 바는 없지만 나라꽃이라고 하는 무궁화에는 도무지 정이 가질 않았다. 나라꽃에 큰 의미를 두는 편은 아니지만 내 마음의 나라꽃은 단연 진달래다.

# 새색시의 봄나들이 분꽃나무

**분꽃나무** *Viburnum carlesii* Hemsl

별이 잘 드는 산지에서 2~3m 높이로 자라는 산분꽃나무과의 갈잎떨기나무.
4~5월에 가지 끝에서 길이 1cm 정도의 꽃들이 취산꽃차례로 모여 달린다.

사월 중순은 수목의 새순이 제법 잎 모양을 갖추는 때다. 숲은 여전히 성긴 그물처럼 그늘보다는 볕이 드는 곳이 많고 지난해의 낙엽과 퇴색한 풀들을 초록의 새잎들이 서서히 점령해가는 시기다. 이 즈음에 분꽃나무는 새잎을 펴고 살짝 분홍빛을 띤 하얀 꽃을 피운다.

분꽃나무의 꽃은 해맑은 봄처녀의 얼굴을 연상시키지만 짙은 분 냄새 때문에 새색시를 닮았다고나 해야겠다. '화장한다'는 표현 대신 '분 바른다'라고 말하던 시대에 처녀들은 거의 분을 바르지 않았다. 그 시절에 문명사회에 먼저 진입한 처녀나 도시 여성들은 화장을 했을는지 모르겠으나 시골의 여인들은 오직

시집가는 날부터 며칠 동안만 일생에 단 한 번 분을 발랐다. 적어도 내 어릴 적 고향마을의 처녀로부터 할머니까지는 분명히 그러했다.

하얀 꽃에 살짝 홍조를 머금은 꽃향기는 그 차분한 색상과는 달리 그윽하거나 고전적이지 않다. 오히려 요즘 화장품이나 향수에서 나는 자극적이거나 고혹적인 향기에 가까운 편이다. 차세대 화장품의 예고편이었을 거라는 생각이 든다.

분꽃나무 꽃향기를 안타깝고 그리운 이별의 향기로 기억하는 친구가 있다. 어릴 적에 누이가 시집갈 때 처음 맡아 본 누이의 분 냄새가 그에게는 사랑하는 누이와 생이별한 애틋한 추억이 되어버렸다고 했다. 그 후로 이 향기를 맡으면 멀리 시집간 누이가 보고 싶어서 분꽃나무의 꽃이 핀 곳을 멀찌감치 돌아서 다녔다고 했다. 출가외인(出嫁外人)의 풍습이 엄격하고 가마 타고 시집가던 시대에는 결혼한다는 것 자체가 사실상 왕래의 단절과 이별을 의미했기 때문이다.

이 꽃을 분꽃이 아니고 번거롭게 '분꽃나무의 꽃'으로 부를 수밖에 없는 건 분꽃이 따로 있기 때문이다. 화단에 심어서 가꾸던 분꽃은 야생에도 잘 적응해서 마을 주변에서 흔히 눈에 띈다. 분꽃의 이름은 까만 씨앗 속의 하얀 분가루에서 유래된 듯하다. 아이들이 소꿉장난을 하면서 분꽃 씨앗을 톡톡 두드리면 하얀 분말이 터져 나왔다. 분꽃나무는 향기도 그러하지만 분꽃과 꽃모양이 닮아서 얻은 이름일지도 모른다. 분꽃과 분꽃나무, 분류계통은 달라도 분 바르던 시대의 아련한 추억이 깃든 이름이다.

### 산분꽃나무 *Viburnum burejaeticum* Regel & Herder

경기 연천, 강원 설악산, 평창 이북의 산지에서 2~4m 높이로 자라는 갈잎떨기나무. 잎은 분꽃나무에 비해 길쭉한 타원형이고 끝은 뾰족하며 자잘한 톱니가 촘촘하다. 5~6월에 가지 끝에서 길이 7mm가량의 꽃들이 지름 5cm 정도의 꽃차례를 이룬다. 분꽃나무의 수술은 꽃부리 안쪽 깊이 있고 산분꽃나무는 꽃부리 밖으로 돌출한다.

©마용주

# 가냘픈 소녀의 초상 이스라지

**이스라지** *Prunus japonica* var. *nakaii* (H. Lév.) Rehder

산지의 숲 가장자리에서 허리 높이 정도로 자라는 장미과의 갈잎떨기나무.
4~5월에 지름 2cm 정도의 연분홍색이나 흰색의 꽃이 1~4개씩 모여 핀다.

이스라지는 꽃도 아름답지만 이름 또한 그 못지않게 예쁘다. 이스라지라는 이름에는 아스라한 그리움이나 애틋함 같은 것이 배어 있다. 애오라지 소박한 순정을 품고 이슬처럼 덧없이 사라질 것만 같은 이름이다.

이름이 주는 느낌처럼 이스라지는 작고 가녀린 꽃나무다. 여느 들풀과 별 차이가 없는 크기로 자라서 나무라고 불러주기에도 좀 그렇다. 많이 자라야 초등학생의 키쯤 되고 줄기는 손가락 굵기 정도다. 봄볕 따스하게 비치는 숲 가장자리나 산자락 풀밭에서 해맑은 꽃을 피운 뒤에 꽃이 진 다음에는 무성한 녹음에 스며들 듯 그 존재를 찾기가 어렵다.

이스라지는 옛날에 앵도를 일컫던 이스랓이나 유수라지에서 유래한 이름이다. 산에서 나는 앵도라는 뜻으로 묏이스랓, 산앵도나무라고도 했다. 서로 닮은 앵도나무와 이스라지는 벚나무와 같은 속의 나무로 복사나무, 살구나무, 자두나무, 매실나무 등이 다 친척뻘이다. 이들은 모두 주변에서 자주 만나는 나무들로 저마다 맛있고 탐스러운 열매가 달린다. 대체로 습도가 유지되는 계곡 주변에서 큰 나무로 성장하거나 비옥한 땅에서 유실수로 재배되어 풍성한 열매를 맺는다.

반면에 이스라지는 산지의 마른땅에 자리 잡는 까닭에 형제뻘의 나무들과는 비교가 되지 않을 정도로 가냘픈 모습으로 살아간다. 열매 모양은 앵두를 닮았으나 맛은 밋밋하게 새콤하고 싱겁게 달짝지근하다.

여리여리한 줄기마다 분홍빛 머금은 하얀 꽃들이 흐드러지게 핀 이스라지를 만났을 때 황순원의 단편 '소나기'에 나오는 윤초시댁 증손녀의 모습이 떠올랐다.

> "저기 송아지가 있다. 그리 가 보자."
>
> 누렁송아지였다. 아직 코뚜레도 꿰지 않았다. 소년이 고삐를 바투 잡아 쥐고 등을 긁어 주는 체 훌쩍 올라탔다. 송아지가 껑충거리며 돌아간다.
>
> 소녀의 흰 얼굴이, 분홍 스웨터가, 남색 스커트가, 안고 있는 꽃과 함께 범벅이 된다. 모두가 하나의 큰 꽃묶음 같다. 어지럽다.

소녀는 죽기 전에 소년의 체취가 밴 그 분홍색 스웨터를 꼭 입혀서 묻어달라고 했다. 이스라지 꽃이 흐드러지게 피면 송아지 등 위에서 소년이 바라보던 어지러운 꽃묶음, 그리고 이슬처럼 덧없이 사라져 간 가냘픈 소녀가 생각난다.

조팝나무와 조팝나무 열매(원내)

# 해사하게 꽃 피는 조팝나무

**조팝나무** *Spiraea prunifolia* f. *simpliciflora* Nakai

제주도를 제외한 전국의 밭둑이나 길가에 자라는 장미과의 떨기나무. 키 높이 정도로 자라며 4~5월에 자잘한 꽃들이 줄기를 이루며 달린다.

봄이 오는 논두렁 밭두렁에는 진달래나 개나리보다 조팝나무가 썩 어울린다. 조팝나무가 봄바람에 하얀 꽃가지를 산들산들 흔들며 풍년을 기원해 줄 때는 일 나가는 농부의 걸음도 한결 가뿐해 보인다.

조팝나무는 조밥을 닮은 꽃이 피는 나무이거나 자잘한 열매가 조 이삭처럼 노랗게 익어서 붙은 이름이지 싶다. 길쭉한 튀밥과자 막대기 같은 꽃을 조밥에 비유한 건 한동안 의문이었지만 조밥을 먹었던 시절을 회상해 보니 일리가 있는 비유였다. 조밥은 좁쌀로만 짓거나 쌀에 좁쌀을 섞은 밥을 말한다. 좁쌀은 쌀이 귀한 시절에 쌀을 아끼려고 넣던 곡식이어서 집안 형편에 따라 좁쌀을 적게 넣거나 많이 넣었다. 좁쌀이 너무 많이 들어간 밥은 거칠고 목이 메어 잘 넘어가질 않았다.

조팝나무는 하얀 꽃잎 가운데에 좁쌀 같은 노란 꽃술들이 소복하게 모여 있다. 그리 보면 산조팝나무가 조팝나무보다 훨씬 조밥과 비슷하다. 짐승 꼬리처럼 길쭉한 꽃차례의 조팝나무와는 달리 산조팝나무는 꽃차례가 소복하게 담은 밥 한 그릇 같은 모양이기 때문이다. 무엇보다도 꽃이 지면 자잘한 열매가 익어 가장 조밥과 비슷해진다.

그런데 산조팝나무와 비슷한 나무들이 너무 많아서 제대로 이름을 불러주기가 어렵다. 이를테면 참조팝나무, 좀조팝나무, 갈기조팝나무, 당조팝나무, 인가목조팝나무 등이 서로 많이 닮았고 '조팝' 돌림자를 쓰지 않는 아구장나무 역시 구분하기 어려울 정도로 비슷하다. 이들은 특정 부위 털의 유무, 잎의 갈라진 모양 정도의 차이로 구분하는 까닭에 상당히 공부를 하고 세심하게 관찰해야 한다.

조팝나무속의 식물 중에서 가장 쉽게 알아볼 수 있는 것은 꼬리조팝나무다. 다른 조팝나무들이 대개 이른봄부터 늦봄 사이에 꽃 피는 데 비해 한여름에 개화하고, 화려한 분홍색의 꽃이 피기 때문이다. 이 밖에도 재배식물로 가꾸어지는 조팝나무 종류가 30여 종이나 되는 건 그만큼 이 꽃이 보기에도 좋다는 방증이기도 하다.

그럼에도 불구하고 역시 야생화다운 것들은 하얀 꽃을 피우는 조팝나무들이다. 이런 꽃들에게는 '해사하다'라는 표현이 딱 어울릴 것 같다. 일상에서 잘 쓰지 않는 '해사하다'는 표현은 얼굴이나 표정, 웃음소리 또는 옷차림이나 자태 따위가 맑고 깨끗하다는 의미다. 이 땅의 조팝나무들은 그야말로 소박하며 해사한 꽃을 피운다.

왼쪽부터 조팝나무 꽃, 조밥, 산조팝나무 꽃

## 산조팝나무

*Spiraea blumei* G. Don

중부 지방 산지의 바위지대에 자라며 높이는 1~2m 정도다. 잎은 거의 원형에 가까우며 가장자리에 둥글고 얕은 톱니가 있다. 4~5월에 지름 4cm 정도 되는 우산모양꽃차례에 10~25개의 꽃이 핀다.

## 아구장나무

*Spiraea chartacea* Nakai

주로 백두대간 일대 산지의 바위지대나 건조한 사면에서 1~2m 정도 자란다. 4~6월에 지름 3~4cm의 우산모양꽃차례에 10~20개의 꽃이 달린다. 잎이 원형에 가까운 산조팝나무에 비해 잎이 좁고 마름모꼴에 가깝다.

**인가목조팝나무**

*Spiraea chamaedryfolia* L.

중부 이북의 백두대간 일대 깊은 산지에서 1~1.5m 높이로 자란다. 달걀모양 잎의 끝이 뾰족하며 잎가장자리에 불규칙한 톱니가 있다. 5~6월에 지름 3cm 정도의 편평한 우산모양꽃차례에 10개 정도의 꽃이 달린다.

**갈기조팝나무**

*Spiraea trichocarpa* Nakai

주로 중부 이북의 석회암지대 산지에서 1~2m 높이로 자란다. 5~6월에 지름 5cm 정도의 겹편평꽃차례에 자잘한 꽃들이 풍성하게 달린다. 활처럼 휘어진 줄기에 늘어선 꽃차례가 말의 갈기와 닮아서 유래한 이름이다.

## 참조팝나무

*Spiraea fritschiana*
C. K. Schneid.

중부 이북의 깊은 산지의 숲 가장자리나 계곡에서 1~2m 높이로 자란다. 잎은 길쭉한 타원형으로 양 끝이 뾰족하고 가지런한 톱니가 있다. 5~8월에 겹편평꽃차례로 흰색 또는 분홍색의 자잘한 꽃들이 모여 핀다.

## 꼬리조팝나무

*Spiraea salicifolia* L.

중부 지방의 하천 주변이나 산지의 습한 풀밭에서 키 높이 정도로 자란다. 잎은 4~8cm의 피침형이고 가장자리에 자잘한 톱니가 있다. 7~8월에 가지 끝부분에서 원뿔모양꽃차례로 분홍색 꽃이 빽빽하게 달린다.

# 생활 속 거리두기의 모범 고광나무

**얇은잎고광나무** *Philadelphus tenuifolius* Rupr. & Maxim.

숲 가장자리에서 2~3m 정도 높이로 자라는 수국과의 갈잎떨기나무.
5~6월에 가지 끝에서 지름 2.5cm 정도의 꽃이 피고 꽃잎은 4장이다.

오월에 꽃 피는 나무들 열에 아홉은 흰 꽃이다. 찔레꽃, 조팝나무, 때죽나무, 쪽동백, 층층나무, 말발도리, 이팝나무, 말채나무, 백당나무… 이 계절에 흰 꽃이 피는 나무는 열 손가락을 세 차례 꼽아도 모자란다. 고광나무는 앞에 열거한 여느 나무들보다 꽃이 커서 진달래꽃만 하고, 꽃잎이 넉 장이어서 얼핏 보면 하얀 나비들의 무리가 앉아 있는 모습 같다.

고광나무(*Philadelphus schrenkii*) 역시 오월에 하얀 꽃이 피는 나무다. 우리나라에 자생하는 종은 엄밀히 말해서 고광나무에 비해 암술대가 얕게 갈라지며 암술대와 화반에 털이 없는 얇은잎고광나무(*P. tenuifolius*)인데, 실제로는 두 종을 구분하기 어려울 정도로 미세한 차이 밖에 없으므로, 이 글에서는 일반적인 '고광나무'의 이름을 쓰기로 한다.

이 나무는 꽃과 잎이 지고 난 가을에 비로소 범상치 않은 줄기의 모습이 드러난다. 아무래도 그것이 다른 나무들보다 큼직한 꽃을 피울 수 있는 비결인 듯하다. 고광나무는 다른 나무들에 비해 가지치기가 놀라울 정도로 규칙적이고 반듯하다. 원줄기에서 두 줄기 가지를 내자면 360도를 똑같이 셋으로 나누는 120도가 이상적이다. 그 각도로 가지를 치면 잎과 꽃을 내는 공간이 가장 넓고 균등하게 된다. 자라는 환경에 따라 각도가 좁아지기도 하고 가지의 길이가 달라지기도 하지만 제대로 뻗은 고광나무의 줄기를 보면 그 기하학적 정교함에 절로 감탄사가 나온다.

2019년 말에 느닷없이 등장한 코로나19 때문에 '사회적 거리두기'나 '생활 속 거리두기'라는 말이 귀에 못이 박힐 정도가 되었다. 고광나무는 가지를 넓게 벌려 꽃과 잎의 배열이 넉넉하니 생활 속 거리두기의 모범이라 할만하다. 그렇다면 '고광'은 이렇게 넓게 가지를 벌린다는 의미일 수도 있겠다는 생각이 들었다. 고광나무의 이름을 한자로 표기한 자료는 찾지 못했으나 만약 사타구니 胯자에 넓을 廣자로 쓴다면 가랑이가 넓은 나무, 즉 가지를 넓게 벌리는 나무가 된다.

생각이 가랑이까지 미치다 보니 유방(劉邦)을 도와 한(漢)나라 건국의 대업을 이룬 한신(韓信) 장군이 청년시절에 겪었다는 과하지욕(胯下之辱)의 고사가 떠오른다. 그가 출세하기 전에 저잣거리 불량배의 사타구니 밑을 기어갔다는 유명한 일화다. 여기에 등장하는 사타구니 '과'(胯)는 경우에 따라 '고'로도 읽는데, 고광나무는 '과광'으로 읽기가 부자연스러워서 '고광'이 되지 않았을까 추측해 보았다.

# 쥐똥나무 울타리를 추억하며

**쥐똥나무** *Ligustrum obtusifolium* Siebold & Zucc.

마을 주변이나 낮은 산에서 2~3m 높이로 자라는 물푸레나무과의 갈잎떨기나무.
5월에 길이 7mm 정도의 꽃이 총상꽃차례로 피고 열매는 쥐똥 모양으로 익는다.

쥐똥나무는 내가 태어나서 가장 먼저 만난 나무였음이 분명하다. 걸음마를 익혀서 마당 밖으로 처음 나갔을 때 쥐똥나무 울타리가 있었기 때문이다. 밭과 길을 쥐똥나무 울타리가 구분해 놓은 작은 동네가 걸음마 아이가 만났던 세상의 전부였었다.

여덟 살쯤 되어 소를 몰면서 왜 쥐똥나무가 울타리 노릇을 하는지 알게 되었다. 쥐똥나무들은 가지가 촘촘하게 얽혀서 소나 노루 같은 큰 짐승은 물론이고 염소나 개, 닭들까지도 함부로 밭에 들어가는 걸 막아주는 역할을 했다. 봄에 그 나지막한 울타리에 널었던 빨래에서는 향긋한 쥐똥나무 꽃향기가 묻어왔다.

초등학교에 입학하면 사내아이들은 째끼칼이라는 주머니칼을 웃옷 단추에 매달고 다녔다. 째끼칼은 잭나이프(jack-knife)를 우리식으로 부른 이름이었지 싶다. 이름은 잭나이프에서 빌려온 거라 치더라도 째끼칼은 칼집에 날을 접어 넣을 수만 있는 단순한 구조였다. 째끼칼은 연필을 깎거나 종이를 자르라고 사준 학용품이었지만 이제는 칼을 다룰 수 있는 나이가 되었다는 소년 자격증이기도 했다. 산골에서 이 칼의 용도는 무궁무진했다. 학교 갔다 올 때 출출하면 소나무 가지의 속껍질을 벗겨 먹는 데도 썼고, 버들피리, 연, 팽이, 제기 같은 놀이 도구를 만들 때도 요긴했다. 쥐똥나무는 집에서 가장 가까운 곳에 있는 나무여서 새총이나 놀이에 필요한 도구를 만들기에 딱 좋은 나무였다.

열매 ⓒ박태성

80년대에 들어서 경운기가 소 노릇을 대신하게 되자 마을길을 넓히느라 소의 가드레일인 쥐똥나무 울타리와 동네 길의 중앙선과 같았던 소똥이 사라졌다. 지금은 동네 뒤안길에 몇 그루 남은 쥐똥나무를 만나면 옛 친구처럼 반갑다.

산에서도 드문드문 볼 수 있는 쥐똥나무는 마을 주변에서 자라는 나무와 많이 다르다. 숲의 큰키나무들 사이에서 한 줌 햇볕이라도 더 받으려고 이리저리 줄기를 뻗다보니 마을에서 울타리가 되어 촘촘히 늘어섰던 쥐똥나무들보다 키도 크고 가지 뻗음이 성기다. 울타리로만 보던 눈에는 생소한 그 모습이 쥐똥나무 본연의 모습이리라.

쥐똥나무는 겨울에 열매가 까맣게 익으면 쥐똥과 분간하기 어려울 정도로 비슷하다. 표준말은 쥐똥나무고 고향에서는 개똥나무라고 불렀다. 쥐똥나무는 열매 모양이 쥐똥을 닮았고 개똥나무는 흔하다는 의미로 쓰였던 이름 같다. 집 안이나 집 주변에서 흔히 볼 수 있었던 쥐똥도 쥐똥나무와 함께 사라져 갔다. 초가집과 동네 우물들과 개울을 건너던 징검다리와 물레방아도 사라졌다. 사라진 것들을 대신하여 들어선 문명은 세월이 흘러도 별로 정이 들지 않는다.

# 자주 만나서 정이 가는 고추나무

**고추나무** *Staphylea bumalda* DC.

전국의 낮은 산지에서 2~3m 높이로 자라는 고추나무과의 갈잎떨기나무.
5월에 길이 7mm 정도의 꽃들이 가지 끝에 원뿔모양꽃차례로 달린다.
열매는 너비 2cm 정도의 반바지 모양으로 풍선처럼 부풀어 있다.

산행객들이 많이 찾는 산의 들머리에는 등산용품이나 먹거리를 파는 가게들이 즐비하다. 만약 그런 가게들이 없다면 그 자리에는 고추나무들이 늘어서기 딱 좋은 자리다. 실제로 사람들의 왕래가 드문 산의 들머리에서는 고추나무들을 흔히 볼 수 있다. 고추나무는 키가 작아서 큰키나무들의 그늘에서는 살기 힘들고 그런 대로 볕을 받을 수 있는 숲의 초입이나 가장자리에 터를 잡고 자라기 때문이다.

심마니들은 산에 갈 때 고추나무로 만든 지팡이를 사용했다고 한다. 심마니가 아니더라도 준비 없이 산에 들 때는 쉽게 장만할 수 있는 산행 지팡이다. 고추나무는 줄기가 가늘고 덩치가 작아서 목재로는 쓰이지 않았으나 재질이 단단해서 나무젓가락이나 나무못으로 만들어졌고 자잘한 가지는 불에 잘 타서 땔감으로 쓰였다.

고추나무의 이름은 고추를 닮아서 유래한 이름이라고 한다. 나무 전체 모습을 보면 별로 닮아 보이지 않지만 꽃과 잎은 고추를 썩 닮았다. 하얗고 작은 꽃과 꽃봉오리가 고추의 꽃과 비슷하고 꽃차례는 고추나무가 훨씬 풍성하다. 고추나무의 속명 Staphylea는 그리스어로 포도나 주저리를 뜻하는데 이 나무의 원뿔모양꽃차례가 포도송이처럼 풍성한 데서 유래한 걸로 보인다. 꽃보다 고추를 더 닮은 곳은 작은 잎이 세 개씩 달리는 삼출엽(三出葉)이다. 고춧잎을 나물로 무쳐 먹듯이 고추나무의 새순도 나물로 먹을 수 있다.

고추나무의 열매는 반바지 같기도 하고 복주머니를 닮은 듯도 하다. 그리고 바람이 들어 있는 풍선 같아서 꽃이 진 뒤에도 오랫동안 알아보기가 쉽다. 풍선 속에는 반들반들한 연한 황색의 종자가 있는데 옛날에는 이뇨제로 쓰였다고 한다.

고추나무는 그리 요긴한 쓰임이 없는 평범한 나무다. 그런 까닭으로 마을 가까운 곳에 있어도 잘려나갈 일이 없이 편안한 삶을 누린다. 고추나무는 지방에 따라 개절초나무, 미영다래나무, 매대나무, 고치대나무, 까자귀나무, 미영꽃나무, 쇠열나무, 철쭉잎 등등 열 가지가 넘는 이명과 향명이 있다. 이는 우리나라 어느 지방에서나 흔한 나무라는 방증이기도 하다. 별 쓰임은 없어도 그저 자주 만난다는 단 한 가지 이유만으로 정이 드는 나무다.

식용작물 고추

# 말발도리 형제의 이름들

**말발도리** *Deutzia parviflora* Bunge

제주도를 제외한 전국의 낮은 산지에서 자라는 수국과의 갈잎떨기나무.
키 높이 정도로 자라며 수피가 얇게 갈라지고 불규칙하게 벗겨진다.
5~6월에 가지 끝에서 지름 1cm 정도의 꽃이 편평꽃차례로 달린다.

말발도리 열매

말(馬)은 그리 귀하거나 신기한 동물은 아니다. 한 가지 특별한 건 발톱이 하나인데 그 발톱 자체가 그대로 발이라는 점이다. 말의 발은 말굽이나 말발굽이라고 한다. 말굽이나 말발굽 대신 생짜배기 같은 '말발'을 나무 이름으로 빌려온 것이 말발도리다.

은방울꽃 만한 자잘한 꽃들이 풍성하게 피는 말발도리는 거무튀튀한 사발 모양의 열매가 말굽을 닮았다. 열매가 말굽의 색과 다른 빨간색이나 노란색이었다면 말발도리가 되지 않았을지도 모르겠다. '말발'에 붙은 '도리'는 별 뜻이 없어 보이지만 목도리, 굽도리, 아랫도리 같은 말에서 보듯이 어떤 물체를 감거나 받쳐서 마무리를 짓는 부분이나 물건에 흔히 쓰인다. 말의 발굽이 이미 그런 부분이지만 '도리'를 붙여서 부르기 좋게 지은 이름이지 싶다.

그런데 이 '도리'가 말발도리의 사촌쯤 되는 '빈도리'에서는 꽤 쓸모가 있어진다. 빈도리는 말발도리와 같은 속의 나무로 '줄기 속이 빈 말발도리'라는 이름이다. 그러니까 길게 '빈말발도리'라고 하지 않고 '빈도리'라고 해도 그럴듯한 이름이 된 것이다. 허사(虛辭)인 도리만 남아 실사(實辭)인 말발 행세를 하는 이름이다.

말발도리와 가장 비슷한 나무는 아예 돌림자도 쓰지 않는 물참대다. 물참대에는 댕강말발도리라는 돌림자 이름도 있어서 말발도리와 비슷한 식물임을 짐

말발도리(왼쪽)와 물참대(오른쪽)의 꽃

작케 한다. 식물 공부를 하는 사람들에게는 말발도리와 물참대의 차이를 살피는 것도 하나의 재미다. 그리고 나름대로 그 차이를 간명하게 정리해서 설명하려고 애를 쓴다.

말발도리는 잎과 열매의 표면에 미세한 털이 있고 수술대가 급히 가늘어지는데, 물참대는 잎과 열매 표면이 매끈한 편이고 수술대가 서서히 가늘어지는 차이가 있다. 말발도리의 꽃밥은 처음부터 연한 노란색인 데 비해 물참대의 꽃밥은 처음에 흰색에 가깝다가 오래되면 누르스름해진다. 그리고 말발도리의 수술 열 개의 길이는 거의 같은데 물참대는 다섯 개는 짧고 다섯 개는 길다.

말발도리의 사촌뻘에 매화말발도리와 바위말발도리가 있다. 매화말발도리는 말발도리보다 꽃이 훨씬 크고 한두 개씩 달려서 매화를 닮았다는 이름이고, 경기도 북부지역에서 드물게 볼 수 있는 바위말발도리는 매화말발도리가 묵은 가지의 중간쯤에 꽃이 달리는 데 비해 햇가지의 끝에서 꽃이 핀다.

나는 이런 차이를 대수롭지 않게 보고 머리가 아프게 여기지만 어떤 사람은 아주 흥미롭고 진지하게 관찰하고 기억한다. 그런 사람은 점점 식물을 보는 안목이 깊어지고 세련되어 세월이 흐른 뒤에 까마득한 경지에 올라 있는 걸 느낄 때가 있다.

### 물참대

*Deutzia glabrata* Kom.

제주도를 제외한 전국 낮은 산지의 습기가 많은 계곡부에서 자란다. 말발도리보다 1m 정도 높게 자라며 잎과 열매에 털이 거의 없다. 5~6월에 꽃이 피며 수술대가 끝으로 갈수록 점차 가늘어진다.

### 빈도리

*Deutzia crenata* Siebold & Zucc.

주로 관상용으로 식재하나 지리산 자락에 야화된 듯한 군락이 있다. 1~3m 높이로 자라며 잎 모양은 말발도리와 별 차이가 없다. 6월 무렵에 지름 1.5cm 정도의 꽃들이 원뿔모양 꽃차례로 달린다.

### 매화말발도리

*Deutzia uniflora* Shirai

전국 산지의 바위지대에서 흔히 볼 수 있으며 허리 높이 정도로 자란다. 4~5월에 2년지의 끝에서 지름 2.5cm 정도의 꽃 1~3개가 달린다. **바위말발도리**(*D. grandiflora*)는 경기, 강원 북부의 제한된 지역에 분포하며 새가지 끝에서 꽃이 피고, 꽃받침조각의 길이가 열매와 비슷하거나 길다.

### 꼬리말발도리

*Deutzia paniculata* Nakai

주로 영남지방의 산지에 드물게 분포하며 1~2m 정도 높이로 자란다. 5~6월에 새가지 끝에서 지름 1cm 정도의 꽃이 원뿔모양꽃차례로 핀다. 말발도리에 비해 꽃잎이 장타원형이어서 꽃잎이 서로 겹치지 않는다.

©전준용

# 도로변의 낯선 식물 족제비싸리

**족제비싸리** *Amorpha fruticosa* L.

숲 가장자리나 길가에서 키 높이 남짓 자라는 콩과의 갈잎떨기나무.
5~6월에 한 뼘 정도 되는 이삭모양꽃차례에 짙은 자주색 꽃이 핀다.
북아메리카 원산으로 사방용으로 도입된 이래 전국에 야화되었다.

족제비싸리를 처음 만난 건 자동차 전용도로변이었다. 차를 세울 수 없어서 거무스레하게 익은 무슨 이삭이거니 하고 지나쳤었는데, 그 후에 다른 곳에서 차분하게 살펴보고서야 그것이 꽃인 걸 알았다. 어릴 적에 서울에 와서 난생 처음 피부가 검은 미군 병사를 보았던 느낌과 같았다. 우리나라에서 그렇게 검은색에 가까울 정도로 짙은 색의 꽃을 본 적이 없었던 것이다.

알고 보니 이 식물은 피폐해진 이 땅의 녹화를 위해 데려온 용병식물이었다. 비슷한 시기에 외국에서 들여온 리기다소나무, 아까시나무, 사방오리와 함께 족제비싸리는 산림녹화와 산사태 방지에 큰 역할을 했다고 한다. 이 용병식물들은 모두 황무지에서도 잘 자라고 성장이 빠르고 번식력이 좋은 공통점이 있다.

족제비싸리와 족제비

척박한 땅에서 고생하며 안정시킨 토양에서 다른 나무들이 자라 숲 그늘이 지면 족제비싸리는 미련 없이 그 자리를 양보하고 아무도 쓰지 않는 철도나 도로변의 자투리땅으로 이주한다. 그런 이유로 자동차나 기차를 타고 갈 때 자주 만나게 되는 것이다. 기특하게도 아까시나무처럼 지나치게 번져서 애물단지가 되지도 않는다.

북아메리카가 고향인 족제비싸리는 일본을 거쳐 우리나라에 정착한 걸로 알려졌다. 족제비싸리는 일본 이름 이타치하기(イタチハギ, 鼬萩)를 번역한 것인데, 이름 때문인지 이 나무의 꽃차례는 족제비의 꼬리처럼 보이기도 한다.

이 식물의 영어명은 인디고와 유사하다는 의미로 짐작이 되는 'Bastard indigo'다. 우리식으로 표현한다면 '개인디고'쯤 될 듯하다. 인디고는 쪽빛이나 남색인데 족제비싸리의 꽃 색은 그보다 훨씬 짙고, 이 꽃을 몇 걸음 떨어져서 보면 거무튀튀한 갈색으로 느껴진다. 짙은 인디고색을 내는 꽃부리에 보색에 가까운 주황색 꽃밥이 혼합되어 그렇게 보인다.

벌들은 이국적인 이 꽃에 어느새 적응이 되었는지 부지런히 꿀을 채취한다. 토박이 식물들이 해내지 못한 사방과 녹화의 임무를 완수하더니 이제는 훌륭한 밀원(蜜源)의 역할까지 하고 있는 셈이다. 이 꽃과의 첫 만남에서 약간의 생소함이 있었으나 이 땅에 정착한 내력을 알고 보니 여간 가상한 식물이 아니었다.

# 옛날 국수가 생각나는 국수나무

**국수나무** *Stephanandra incisa* (Thunb.) Zabel

전국의 낮은 산지에서 1~2m 높이로 자라는 장미과의 갈잎떨기나무.
5~6월에 가지 끝에서 지름 5mm 정도의 꽃이 원뿔모양꽃차례로 핀다.

국수나무는 산과 동네의 경계나 산길 주변에서 자주 만나는 나무다. 키 높이 정도여서 길 가다가 종종 스치기도 하면서 친근해진다. 꽃잎은 희지만 꽃이 자잘하고 꽃밥이 붉은 노랑에 가까워서 몇 걸음 떨어져서 보면 옛날 칼국수나 보리밥처럼 누렇고 구수한 느낌이 든다.

국수나무는 대체로 볕을 많이 받는 숲 가장자리에 자리를 잡는다. 어쩔 수 없이 큰키나무 숲 가운데에 자리 잡은 나무도 나름 열심히 살고 있다. 이른봄부터 부지런히 잎을 내어 큰키나무들이 햇빛을 가리기 전에 영양을 비축하고 숲 그늘이 짙어지는 계절에도 틈틈이 들어오는 빛으로 알뜰하게 광합성을 한다.

이런 키 작은 나무들은 밑동부터 줄기를 여러 가닥으로 많이 낸다. 그래야 어릴 적부터 볕을 많이 받아 생존에 유리했을 듯하다. 그렇게 살아가는 여러 가락의 줄기들이 국수 가락처럼 가늘고 곧아서 국수나무가 되었다고도 하고 줄기 속의 연한 심인 수(髓)가 국수 가락을 닮았기 때문이라는 유래설도 있다. 사는 모습이나 꽃의 모습도 그러하지만 국수나무라는 이름까지도 구수하다.

국수나무 줄기

어릴 적에 할머니는 가끔 밀가루 반죽을 홍두깨로 밀어서 손국수를 만들어 주셨다. 내 고향에서는 '국시'라고 했다. 반죽을 얇게 늘여 밀가루를 뿌려가며 여러 겹으로 포갠 다음 석석 썰어서 두레상 위에 국수 가락을 말렸다. 나는 할머니가 국수를 만들 때 옆에서 지키고 있다가 국수를 썰고 남은 자투리를 얼른 아궁이로 가지고 가서 구워먹었다. 그걸 '국시꼬리'라고 했는데 구우면 뽈록뽈록 동그랗게 일어나곤 했다. 그 맛은 인도 음식점에서 먹을 수 있는 난이나 짜파티와 비슷하고, 밀가루를 구운 맛이므로 토핑을 하지 않은 피자 맛과도 비슷했다.

서울로 전학을 와서는 학교 다니는 길에 기계로 국수가락을 뽑는 집이 있었다. 기계 속에 있는 두 개의 회전 홍두깨 사이에서 반죽이 납작해져서 밖으로 나올 때 빗살 같은 칼날에 잘려 실처럼 늘어져 천천히 내려왔고, 그걸 한 발 길이 정도로 잘라서 빨래처럼 말리면 국수가락이 굳었다. 당시에는 처음 보는 기계였기 때문에 신기한 마음에 오래도록 구경하곤 했었다.

기계로 뽑아낸 국수는 아무리 맛있게 만들어도 '정'이라는 양념이 빠져 있다. 요즘 내로라하는 브랜드 국수라도 그 옛날 할머니가 설근설근 썰었던 그 맛에 비할 수 없다. 봄마다 피는 국수나무의 희노란 꽃은 할머니의 베적삼처럼 보이고 가느다란 줄기들을 보면 할머니의 손맛이 짙게 배었던 그 옛날의 국수가 그리워진다.

**나도국수나무** *Neillia uekii* Nakai

중부 이북의 숲 가장자리, 주로 하천가에서 1~2m 높이로 자란다. 5~6월에 가지 끝에서 7cm 정도 길이의 총상꽃차례로 꽃이 핀다. 국수나무보다 잎이 크고 꽃받침, 꽃자루, 열매에 긴 샘털이 밀생한다.

신나무 열매

# 고조할아버지의 뒷모습 신나무

**신나무** *Acer tataricum* subsp. *ginnala* (Maxim.) Wesm.

낮은 산지에서 5~8m 높이로 자라는 단풍나무과의 갈잎소교목.
수꽃양성화한그루로 5~6월에 수꽃과 양성화가 섞여서 꽃이 핀다.
열매는 길이 2.5cm 정도의 날개 2개가 좁은 각도로 달려 있다.

나무 이름을 거의 모르던 시절에 벗들과 겨울산행을 하다가 신나무를 만났다. 그 전에도 수없이 보았겠지만 이름도 모르고 무심히 지나친 건 진정한 만남이 아니었다. 잎 하나 없는 앙상한 나무를 보고 이름을 불러주는 친구가 대단해 보였다. 친구는 신발을 걸어 놓은 듯한 열매로 보아 신나무임이 분명하다고 했다. 우스갯소리였겠지만 덕분에 신나무 이름 한 가지는 확실히 알게 되었다.

신나무는 단풍나무와 형제뻘인 나무다. 단풍나무 종류는 시과(翅果)라고 하는 곤충의 날개와 비슷한 모양의 열매를 만드는데 수종에 따라 날개의 각도가 조금씩 다르다. 그중에서 신나무 열매의 날개 각도가 가장 좁아서 신발 한 켤레를 걸어 놓은 모양과 비슷하다.

신나무의 옛 이름은 '싣나모'였고 이는 줄기 껍질이나 뿌리에서 나는 신맛에서 유래했다고 한다. 그리고 '싣나모'는 한자 이름인 단풍(丹楓)이 사용되기 전에 우리나라 단풍나무 종류를 대표하는 이름이었다고도 한다.

이름을 알고 나서는 신나무가 자주 눈에 들기 시작했다. 늦가을에 유난히 붉게 물든 잎을 보여주는 신나무는 산간 지방의 도로 주변에서도 자주 만나게 된다. 숲에 들면 이 나무가 길가에서 흔히 볼 수 있는 까닭을 알게 된다. 신나무의 높이는 여느 큰키나무의 절반에도 미치지 못하는 소교목(小喬木)이어서 숲속에서는 주변 나무들과 높이 경쟁하느라 상당히 힘겹게 살 수밖에 없다. 반면에 길가에 자리 잡은 신나무는 밑동에서 사방으로 가지를 뻗어 여느 떨기나무와 같은 모습이 된다.

잎이 떨어진 뒤의 신나무는 신발을 닮은 열매를 무수히 달고 바람이 불 때마다 신발을 팔아가며 겨울을 난다. 요즘 신발보다는 짚신을 더 닮은 그 누런 열매 꾸러미를 보면 어릴 적에 할아버지가 들려주신 할아버지의 할아버지인 고조할아버지를 그려보게 된다.

고조할아버지는 조선 말기에 해마다 과거를 보러 한양 천 리 길을 걸어 다니셨는데 집을 나설 때는 짚신 십여 켤레를 봇짐에 매달고 가셨다고 한다. 평생을 과거에 매달렸으나 번번이 낙방을 했고 1894년의 갑오경장으로 과거제도가 폐지되는 마지막 과거에서도 낙방하자 허탈한 마음을 추스를 겸 금강산 유람을 떠나셨다. 당시 할아버지가 35세였으니 젊은 시절을 모두 과거공부에 바친 셈이다. 고조할아버지는 벼슬을 하지 못한 대신에 '금강산 유람기'를 남기셨다. 한문을 모르는 후손들은 그것이 금강

산 유람기라는 제목만 알 뿐이다.

할아버지는 한양 가는 봇짐에 짚신을 열 켤레쯤 달고 갔는데, 사흘마다 새 것으로 갈아 신어야 해서 한 달 정도 걸려 한양에 도착하면 열 켤레가 다 떨어졌다고 한다. 신나무에 주렁주렁 달린 열매를 볼 때마다 아득한 옛날 고조할아버지의 봇짐에 달려 있었을 짚신을 그려보게 된다.

# 싸리나무에 큰절 올리는 사연

**싸리** *Lespedeza bicolor* Turcz.

전국의 산지에서 키 높이 남짓 자라는 콩과의 갈잎떨기나무.
7~8월에 잎겨드랑이에서 홍자색의 꽃이 총상꽃차례로 핀다.
근연종인 **참싸리**(*L. cyrtobotrya*)는 꽃차례가 잎보다 짧다.

이슬비가 촉촉하게 내리던 어느 여름날 산길에서 활짝 핀 싸리꽃 무리를 만났다. 간간이 내리는 빗줄기 속에서도 벌들은 윙윙거리며 꿀을 모으기에 바빴다. 초록 잎사귀들 사이에 점점이 수놓인 붉은 꽃들은 어느 옛날의 원피스 무늬를 떠올리게 했다. 나도 모르게 '송알송알 싸리잎에 은구슬~~'을 흥얼거리며 싸리의 추억 속으로 빠져들었다.

초등학교에 들어갈 무렵부터 작은 싸리둥우리를 들고 밭둑에서 꼴을 베었다. 소 먹이는 꼴을 둥우리 가득 채워오는 일이 내가 밥값을 했던 첫 번째 일이었으리라. 가늘고 낭창낭창한 싸리 줄기로 엮은 둥우리는 가벼우면서도 튼튼했다. 그 시절에는 싸리 씨앗을 한 되씩 채취해오라는 숙제도 있었다. 헐벗은 산의 녹화를 위해 싸리나무 씨앗을 뿌리기도 했던 것이다.

고구마를 캐면 뒷방 구석에 싸리를 촘촘히 엮어 만든 뒤주에 갈무리를 해놓고 겨울을 났다. 긴긴 겨울밤에 깎아먹거나 화로에 구워먹기도 하면서 뒤주가 빌 때쯤 봄이 왔다. 철사토막조차 귀했던 그 시절에는 병아리도 하늘 높은 곳에서 호시탐탐 노리는 매나 솔개로부터 지키기 위해서 싸리나무로 짠 어리 속에서 길렀다. 윷을 만들기에 좋다는 윤노리나무가 살지 않는 내 고향에서는 굵은 싸리나무로 윷을 만들었다. 싸리윷의 뒤집어진 면 가운데에는 붉은 줄의 심이 있어서 보기에 좋았다. 어떤 집은 싸리를 엮어서 울타리를 만들고 출입하는 문도 싸리로 만들었다. 그러한 집의 대문 역할을 했던 사립문도 싸리문에서 유래한 말이다.

서울로 전학을 가서 싸리와 영이별인가 싶더니 전방에서 군 생활을 하면서 재회를 했다. 자매학교 학생들이 위문품을 보내오면 그 답례로 싸리비를 트럭으로 실어 보내주었고, 부대에서도 눈을 치우는 데 넉가래와 함께 꼭 필요한 도구여서 겨울의 초입에 며칠씩은 싸리나무를 베는 작업을 했다.

돌이켜보면 싸리는 여러 가지로 고마운 나무였다. 풍성하게 꽃 피워 꿀의 원천이 되었고, 싸리비가 닳아지는 만큼 주변이 깨끗해졌고 울타리가 되어 삶을 포근하게 감싸주었다. 자잘하고 낭창한 가지들은 온갖 생활도구로 엮어져 물건을 담고 날랐다. 그중에 가장 고역은 지게에 얹는 발채 노릇이었을 것이다. 발채는 싸리를 촘촘하게 발처럼 엮어서 거름 같은 걸 퍼 나를 때 쓰였기 때문이다.

옛날에 어떤 선비는 과거에 급제하고 금의환향하는 길에 싸리나무에게 큰 절을 올렸다고 한다. 서당 훈장의 싸리 회초리로 종아리 맞으면서 공부한 덕이라는 사연이었다. 싸리가 베푼 많은 공덕 중에서 으뜸이 사랑의 매가 되어 사람을 길러낸 일이 아닐까. 나 역시 싸리 회초리를 원망하며 성장한 세대지만 이제는 종아리 맞던 그 일조차 아름다운 추억이 되었다.

문명이 바뀌어 싸리도 이제 편히 쉴 때가 되었다. 나도 싸리에게 큰절을 올려야 할까보다.

**조록싸리**

*Lespedeza maximowiczii* C. K. Schneid.

전국의 산지에서 키 높이 남짓 자라는 콩과의 갈잎떨기나무. 잎은 3출엽으로 뒷면에 짧은 털이 밀생하고 끝이 뾰족하다. 6~7월에 길이 2~4cm의 총상꽃차례에 홍자색의 꽃이 핀다.

### 삼색싸리

*Lespedeza buergeri* Miq.

경남, 전남의 산지에서 1~3m 높이로 자라며 잎 끝이 뾰족하다. 6~7월에 꽃이 핀다. 꽃의 상아색 기판 중앙에 자주색 무늬가 있으며, 익판은 분홍색 또는 진분홍색이고, 용골판은 연한 노란색이다.

©남명자

### 검나무싸리

*Lespedeza melanantha* Nakai

지리산, 재약산, 덕유산, 계룡산, 속리산 등지에 드물게 분포한다. 산지의 숲 가장자리나 바위지대에서 무릎~가슴 높이 정도로 자란다. 6~7월에 꽃이 핀다. 꽃이 작고 흑자색을 띠며, 익판이 용골판보다 길다.

©장양섭

### 해변싸리

*Lespedeza maritima* Nakai

강원, 영호남의 해안 산지에서 1~3m 높이로 자라는 한반도 고유종이다. 가지 위쪽이 아래쪽으로 처지며, 잎은 긴 타원형으로 끝이 뾰족하다. 7~10월에 홍자색의 꽃이 피며, 꽃차례와 꽃자루에 긴 털이 밀생한다.

### 풀싸리

*Lespedeza thunbergii* subsp. *formosa* (Vogel) H. Ohashi

전국의 산지 길가에서 드물게 관찰되며 허리~가슴 높이 정도로 자란다. 8~10월에 홍자색의 꽃이 모여 달리며, 익편의 길이가 용골판보다 짧다. 국명은 겨울에 지상부가 풀처럼 말라 죽는 싸리라는 의미다.

### 꽃싸리

*Campylotropis macrocarpa* (Bunge) Rehder

경북 성주, 경남 창녕, 대구 지역의 산지 풀밭에서 키 높이 정도로 자란다. 잎은 3출엽으로 끝이 둥글거나 끝이 오목하게 들어가고 표면에 털이 없다. 8~9월에 꽃이 핀다. 꽃은 포가 일찍 떨어지며 용골판이 낫처럼 휘고 뾰족하다.

### 땅비싸리

*Indigofera kirilowii* Maxim. ex Palib.

낮은 산지의 숲 가장자리에서 무릎 높이 정도로 자란다. 잎은 3~6쌍의 깃꼴겹잎으로 작은잎은 넓은 타원형이고 양면에 누운털이 있다. 5~6월에 잎겨드랑이에서 나온 반 뼘 길이의 총상꽃차례에 홍자색의 꽃이 핀다.

# 붉나무와 문둥이에 대한 편견

**붉나무** *Rhus javanica* L.

전국의 낮은 산지에서 5m 정도 높이로 자라는 옻나무과의 갈잎떨기나무.
잎은 7~13개의 작은잎이 달린 깃꼴겹잎이고 중심축에 날개가 발달한다.
암수딴그루로 8~9월에 원뿔모양꽃차례에 자잘한 꽃들이 달린다.

붉나무는 어릴 적에 엄청난 공포감을 주던 나무였다. 그때는 이름도 몰랐던 붉나무와의 첫 만남부터가 악연이었다. 호기심에 잎에 혹처럼 달린 것을 갈라 봤더니 수백 마리의 까만 벌레들이 기어나와서 기겁을 했기 때문이다. 게다가 동네 형이 옻나무라고 잘못 가르쳐줘서 그 옆을 지날 때마다 긴장이 되었다.

붉나무가 더욱 무서워진 까닭은 한센병 환자들 때문이었다. 반세기 전에는 '문둥이'라고 불리던 그들은 무리 지어 유랑걸식을 하고 다녔고, 아이들을 잡아서 간을 빼먹어야 병을 고친다는 괴담도 믿어 의심치 않았다. 학교를 파하고 고갯길을 넘어오던 길에 대여섯 명쯤 되는 무리를 만나서 질겁하고 먼 길을 돌아서 집으로 온 적도 여러 번이었다.

붉나무의 잎에 두드러기처럼 솟아난 돌기들은 문둥이의 피부와 많이 닮았었다. 게다가 스치기만 해도 옻이 오른다는 얘기도 들은 터라 자연스레 문둥이와 붉나무를 동일시하게 되었다. 어쩌다 붉나무를 만나면 옻이라도 오를까 봐 멀찌감치 떨어져서 갔다. 그러다 보니 가을에 유난히 붉게 물드는 붉나무의 잎도 무서웠고 열매에 허연 백태가 낀 모습도 나무의 피부병처럼 보였다.

붉나무는 가을의 초입에 여느 나무들보다 먼저 붉게 물들어서 얻은 이름이다. 옻나무와 근연종이기는 해도 옻을 유발하는 우루시올 성분은 약해서 민감한 체질이 아니면 옻이 오르지 않는다고 한다.

붉나무의 잎에 기생하는 '오배자진딧물'이라는 벌레가 잎에 아기 주먹 만한 벌레집을 짓는데, 예전에는 그것을 오배자(五倍子)라고 하여 채취해서 팔았다. 내 고향에서는 붉나무라는 이름은 잘 모르고 오배자나무라고 해야 통한다. 오배자는 타닌성분을 많이 함유하고 있어서 가죽을 가공하거나 머리 염색약의 원료로 썼다. 『동의보감』에는 각종 피부염과 입안이 헌 증세에 효능이 있다고 나와 있다.

붉나무에는 팥알 만한 수많은 열매가 달리는데 가을에는 표면이 하얗게 변한다. 열매에 칼륨염의 결정이 들어 있기 때문이고 소금처럼 약간 짠맛이 난다. 소금이 귀한 산촌에서는 이 열매를 삶은 물로 두부의 간수를 만들거나 배추를 절이는 데 썼다고 한다. 붉나무에서 소금을 얻어 쓸 수 있었기 때문에 염부목(鹽膚木) 또는 목염(木鹽)이라고도 불렀다.

알고 보면 여러 가지로 쓸모가 많은 나무인데 어리고 무지한 소치로 지금까지도 친하지 못하다. 어릴 적의 트라우마가 얼마나 깊었는지 지금도 붉나무는 한 걸음 떨어져서 만나고 있다.

붉나무 꽃(왼쪽)과 열매(오른쪽)

# 수처작주의 모범
# 노간주나무

**노간주나무**

*Juniperus rigida* Siebold & Zucc.

건조한 산지나 암석지대에서 최대 10m까지 자라는 측백나무과의 상록소교목. 바늘잎의 길이는 1.2~2cm이고 보통 세 개씩 돌려나며 횡단면이 V자 모양이다. 암수딴그루(드물게 한그루)로 4월에 2년지의 잎겨드랑이에 구화수가 달린다.

내 고향 산골 아이들은 여덟 살쯤 되면 소고삐를 잡기 시작했다. 어른들이 농사일에 바쁠 때 아이가 사람 구실을 하는 건 소 먹이고 꼴 베는 일이었는데, 제 체중의 수십 배나 되는 큰 소를 부릴 수 있었던 것은 소의 코가 꿰여 있기 때문이었다. 무슨 약점을 잡혀서 질질 끌려갈 수밖에 없는 처지를 '코 꿰였다'라고 하는 표현은 덩치 크고 힘이 센 소라도 코뚜레에 꿰이면 아이한테도 꼼짝 못하는 것에 비유한 말이지 싶다.

송아지가 어느 정도 자라면 양쪽 콧구멍 사이를 뚫어 코뚜레를 꿰었다. 사람으로 치자면 성년식을 치르는 것이고 그때부터 송아지에서 소가 되는 것이다. 코뚜레 구멍을 뚫는 건 송아지에게 끔찍한 고통을 수반하는 일이므로 순식간에 끝내야 하고 대개 마을마다 송아지 콧구멍을 번개같이 뚫는 도사가 한 사람은 있었다.

코뚜레는 재질이 단단하고 많이 구부려도 부러지지 않는 노간주나무 줄기나 느릅나무 줄기로 만들었다. 노간주나무는 코뚜레로 변신하여 인간이 소를 조종하는 연결고리가 되었다. 예로부터 '소코뚜레를 문이나 안방에 걸어 놓으면 만사형통'이라는 말이 있다. 미신이겠지만 힘센 소를 마음대로 부릴 수 있는 도구이니 나름 그럴싸한 말이다. 요즘처럼 수많은 시험과 경쟁을 뚫어야 하는 사회에서는 콧구멍 사이의 벽을 뚫어서 큰 소를 마음대로 부리는 코뚜레의 신통력이 더욱 절실하게 되었다. 소가 하던 일을 경운기가 대체한 이후로는 쓸모가 없어진 코뚜레를 요즘은 일부러 만들어 부적이나 장식품으로 팔고 있다.

소의 입장에서는 상당히 고약한 노간주나무지만 본래의 모습은 수행자의 풍모를 닮았다. 수직으로 선 긴 원추형의 자태는 장대하지는 않으나 단정하고 야무지며 사철 푸른빛을 지니고 있다. 자리 잡은 곳이 깊은 산이거나 마을 주변의 낮은 산이거나 하나같이 닮은꼴이다. 다른 나무들이 뿌리내리기 어려운 절벽 바위 틈이나 척박한 땅에서 묵묵히 서 있는 나무에서는 수도승의 느낌마저 든다.

그러한 노간주나무를 보면 수처작주 입처개진(隨處作主 立處皆眞)이라는 경구가 떠오른다. 당나라 때의 고승 임제(臨濟, ?~867)선사의 언행을 담은 『임제록(臨濟錄)』에 나오는 말이다. 수처(隨處)란 조건과 상황에 따라 달라지는 환경이자 삶의 터전이고 작주(作主)란 어떠한 조건에서도 본래 모습을 잃지 않고 주체적으로 산다는 의미다. 입처개진(立處皆眞)이란 지금 서 있는 바로 그 자리에 진리가 있다는 말이다.

인근 마을을 지나다가 팽나무 고목의 가랑이 사이에 자리 잡은 별난 노간주나무를 만났다. 거목의 사타구니에 세 들어 사는 옹색함이나 불편한 기색도 없이 산이나 바위자락에 자라는 여느 노간주나무의 모습 그대로 태연하고 꼿꼿했다. 그야말로 수처작주 입처개진의 모범을 보이고 있었다.

# 02 산중의 떨기나무

깊은 산중 큰키나무들이 울창한 숲에서도
여러 종류의 떨기나무들이 어울려 살고 있다.
박쥐나무, 회나무, 초피나무, 개옻나무들처럼
한 줌 햇살만으로도 살아가는 나무들이 있고
개암나무, 산철쭉, 매자나무처럼 더 작은 나무들은
숲 가장자리나 산등성이 바위비탈에 자리 잡는다.
감태나무나 쉬나무, 모감주나무는 제법 키가 커서
떨기나무도 큰키나무도 아닌 소교목이라고 한다.

강원도 인제 비밀의 정원

# 화살나무

한 번
빗나간 적 없는
세월의 화살
가을의 심장을 뚫은
핏빛 화살촉

황금빛 세상이
스러지고
계절은 아프다
내게도
사정없이 꽂히는
저 붉은 화살들

**화살나무** *Euonymus alatus* (Thunb.) Siebold

산지 숲속에서 키 높이 남짓 자라는 노박덩굴과의 갈잎떨기나무.
어린 가지에 화살깃 모양의 코르크질 날개가 2~4줄 발달한다.
5~6월에 묵은 가지에서 나온 꽃차례에 지름 7mm 정도의 꽃이 핀다.
화살나무의 변종인 **회잎나무**(*E. alatus* f. *ciliatodentatus*)는
줄기에 날개가 없거나 미미하고, 화살나무와 같은 종으로 보는 추세다.

# 개암나무 열매 이야기

**개암나무** *Corylus heterophylla* Fisch. ex Trautv.

산지의 숲 가장자리에서 키 높이 남짓 자라는 자작나무과의 갈잎떨기나무.
3~4월에 묵은 가지에서 노란 수꽃은 아래로 처지고 붉은 암꽃은 위로 핀다.
열매는 길이 2.5cm 정도로 종 모양의 포에 싸여 있으며 8~9월에 익는다.

이른봄의 숲에는 생강나무와 올괴불나무의 작은 꽃부터 눈에 띈다. 자세히 살펴보면 누런 이삭 같은 꽃을 자잘하게 달고 있는 나무도 있다. 바로 개암나무의 수꽃이다. 빨간색의 암꽃은 손가락 한 마디쯤 앞에 눈곱만 하게 달려 있어서 더욱 세심히 살펴야 볼 수 있다. 꽃의 생김새로 보면 산들 부는 봄바람이 인연을 맺어주는 풍매화임을 짐작케 한다.

개암나무와 비슷한 꽃을 피우는 자작나무, 오리나무, 박달나무들이 모두 친척뻘이다. 이 자작나무과의 나무들은 늦가을부터 꽃차례를 준비한다. 혹한의 겨울을 견디면서 봄에 꽃 피울 의지를 단련하는지도 모른다. 자작나무과의 나무들이 대체로 훤칠한 큰키나무임에 비해 개암나무붙이만 키 높이 정도로 자라는 떨기나무다.

개암이라는 이름은 밤보다 조금 못하다는 뜻으로 '개밤'이라고 부르다가 '개암'이 되었다고 하며, 과일 종류가 많지 않았던 16세기 이전에는 제사상에도 올랐다고 한다(우리 나무의 세계 1, 박상진). 개암뿐만 아니라 가을 초입의 산에서는 갖가지 먹음직한 열매가 익는다. 머루, 다래, 으름, 돌배 같은 것들은 손이 닿지 않는 높은 곳에 달리는 데 비해 개암은 아이들도 손이 닿는 가지에 열려서 따 먹기가 만만했다.

서양에서는 개암나무 열매를 헤이즐넛이라고 부른다. 커피에 독특한 향기를 더해주는 바로 그 헤이즐넛이다. 우리 산에서 나는 개암도 그런 향기가 있을까 싶어 몇 개 따서 볶고 커피처럼 갈아봤는데 전혀 헤이즐넛의 향이 나질 않았

개암나무 꽃(왼쪽)과 열매(오른쪽)

다. 서양에서 자라는 개암나무는 우리 토종과는 종이 약간 다른 유럽개암나무(*Corylus avellana*)다.

개암은 어릴 적에 소 먹이러 다니던 골짜기에 많이 있었다. 소를 풀어놓고 동무들과 놀던 산골짜기는 50년 세월이 흐른 지금은 완전히 달라져 있다. 소들이 사라진 숲은 큰키나무들의 세상이 되어 개암은 설 자리를 잃었다. 계곡 초입에서 한 그루를 만나 잘 익은 열매 하나를 깨물었다. 납작한 도토리 같은 개암 열매는 껍질이 딱딱해서 살짝 깨물어 쪼개어야 달고 고소한 알갱이를 맛볼 수 있다. 딱딱한 껍질이 '딱' 하고 깨어지는 소리에 문득 어릴 적에 할아버지가 들려주신 개암나무 이야기가 떠올랐다.

옛날에 한 소년 나무꾼이 깊은 산골에서 정신없이 개암을 따다가 날이 저물었다. 어둠 속에서 도깨비들이 나타나 도깨비방망이로 뚝딱뚝딱 맛있는 음식을 잔뜩 차려놓고 잔치를 벌이는 걸 보고 몹시 배가 고파서 저도 모르게 개암 한 알을 깨물었다. 개암 껍질이 깨지는 '딱'소리에 도깨비들이 혼비백산해서 방망이도 팽개치고 도망가자 소년은 방망이를 주워 와서 마을에서 제일가는 부자가 되었다. 이웃집 욕심쟁이 영감은 소년처럼 하다가 도깨비들에게 흠씬 두들겨 맞기만 하고 왔다.

**참개암나무** *Corylus sieboldiana* Blume

주로 남부 지방의 볕이 잘 드는 산자락에서 2~3m 높이로 자란다.
잎과 꽃은 개암나무와 큰 차이가 없으나 수꽃차례가 더 길게 늘어진다.
열매 포가 전체를 호리병 모양으로 싸고 있어 병개암나무라고도 한다.

# 높은 산엔 산철쭉 계곡에는 수달래

**산철쭉** *Rhododendron yedoense* f. *poukhanense* (H.Lév.) M.Sugim. ex T.Yamaz.

계곡이나 능선에서 가슴 높이로 자라는 진달래과의 떨기나무.
잎은 어긋나고 줄기 끝에서는 모여 나며, 3~8cm 길이의 타원형이다.
4~5월에 가지 끝에서 진달래꽃 크기의 꽃이 2~3개씩 모여 달린다.

산철쭉은 풍광이 좋은 곳을 가려서 자리 잡는 나무다. 맑은 물이 흐르는 계곡이나 일망무제의 높은 산등성이에서 무리 지어 자라며 어중간한 산중턱의 비탈진 숲에서는 만나기 어렵다. 식물계의 풍류객으로 불러줄 만한데 실상은 키가 작아서 볕이 잘 드는 곳을 찾아 사는 듯하다.

산철쭉은 철쭉보다 더 깊고 높은 산에서 주로 만나게 된다. 먼 산의 능선들이 겹겹이 밀려오는 파도처럼 보이는 높은 곳이 산철쭉의 자리다. 먼 산일수록 청록에서 연한 푸른색으로 점점 옅어져 아득한 곳에서 하늘빛과 같아지는데 그러한 배경에서 피는 진분홍 꽃의 강렬한 색상대비는 경탄을 자아낸다.

높은 산에 핀 꽃이 멋들어지기는 해도 물가에 무리 지어 피는 꽃은 또 다른 운치가 있다. 산철쭉이 자라는 계곡은 큰 바위들이 물가에 단단히 자리 잡고 있

는 곳이다. 그런 바위틈에 의지하여 뿌리를 내린 까닭에 홍수의 거친 물살에도 휩쓸리지 않고 깊은 산 눈 녹은 물이 봄의 찬가를 부를 때 붉은 꽃망울을 터뜨린다.

산철쭉은 언제 누가 이름 붙였는지는 모르지만 '수달래'라고 부르는 사람들도 많다. 식물은 세계 공통으로 쓰는 학술상의 이름인 학명(學名)과 함께 같은 언어권이나 한 나라에서 불리는 국명(國名, common name), 향명(鄕名) 등 여러 가지 이름으로 호명된다. 보편적인 추천명이나 향명에도 나타나지 않는 '수달래'라는 이름은 모르기는 해도 근래에 탐화가들 사이에서 자연발생적으로 나온 이름인 듯하다.

수달래라는 이름은 처음 들었을 때 직감적으로 물가에 피는 진달래라는 느낌이 들었다. 그 이름은 이 나무가 철쭉보다는 진달래 쪽에 더 가깝다는 암시를 주고 있다. 꽃의 색깔과 크기는 진달래 쪽에 가깝고 약간의 독성은 철쭉꽃을 닮았다. 잎 모양은 주걱 형태의 철쭉 잎보다는 갸름한 진달래의 잎을 더 닮았다.

철쭉을 '연달래'라고 부르는 지방도 있다. 연달래는 꽃의 색깔이 진달래보다 연하다는 의미를 담은 향명일 것이다. 그렇다면 진달래의 '진'은 색깔이 짙은 꽃이 핀다는 함의가 있는 이름일는지도 모르겠다. 철쭉은 '척촉'(躑躅)이라는 한자명에서 유래한 이름으로 어쩐지 순수한 우리말 같지도 않고 발음이 거칠어서 '연달래'라는 향명에 더 정이 간다.

그와 같은 맥락에서 나는 산철쭉이라는 국명보다 수달래라는 이름이 훨씬 마음에 든다. 높은 산등성이에서 피는 무리도 아름답지만 맑은 물가에 흐드러지게 피는 모습이야말로 무릉도원이나 서천 꽃밭으로 들어가는 기분을 느낄 만큼 황홀하다. 무엇보다도 진달래, 수달래, 연달래의 세 이름을 늘어놓으면 돌림자를 쓰는 자매들의 예쁜 이름처럼 보이지 않는가.

©전명숙

**철쭉** *Rhododendron schlippenbachii* Maxim.

전국의 산지에서 1~3m 정도로 자라는 진달래과의 갈잎떨기나무. 잎은 거꿀달걀모양이며, 어긋나지만 가지 끝에서는 5장이 모여 난다. 4~6월에 잎과 함께 지름 6cm 정도의 꽃이 가지 끝에 3~7개씩 모여 핀다. 산철쭉이나 진달래보다 늦게 피고 잎이 넓으며 꽃 색이 연하다.

초피나무

# 초피와 산초, 제피와 난두

**초피나무** *Zanthoxylum piperitum* (L.) DC.

낮은 산지에서 키 높이 정도로 자라는 운향과의 갈잎떨기나무.
작은잎 9~19개로 이루어진 깃꼴잎은 어긋나고, 가시는 마주난다.
암수딴그루로 4~5월에 꽃잎이 없는 자잘한 녹황색의 꽃이 핀다.

명절이나 휴가철에 어쩌다 만나는 조카뻘 아이들에게 늘 미안한 마음이 있다. 그들 형제자매들의 이름이 가물가물해도 해마다 물어보기는 미안했고 아는 척하며 부른 이름이 서로 뒤바뀌기가 일쑤였기 때문이다. 친조카들에게는 그런 일이 없었지만 여동생이나 사촌동생들의 자녀들은 실수하지 않고 넘어간 해가 별로 없었다.

나무 이름 부르기도 그러한 경우가 더러 있다. 예컨대 산초나무와 초피나무가 쌍둥이처럼 닮아서 그렇다. 이 두 나무는 몇 걸음만 떨어져서 봐도 구별하기 어렵다. 비슷한 그림에서 틀린 곳 찾기 하듯 세세히 살펴야 서로 다른 구석이 보인다. 가장 쉽게 알 수 있는 건 꽃 피는 시기다. 봄에 꽃이 피면 초피나무고 한여름에 피면 산초나무다. 초피나무는 꽃잎이 없는 자잘한 꽃이 원뿔모양꽃차례를 이루고 산초나무는 작은 꽃잎이 있고 꽃차례가 편평하다.

꽃을 볼 수 없는 시기에는 잎과 줄기를 자세히 살펴야 한다. 초피나무의 잎은 가장자리가 물결처럼 쪼글쪼글하고 산초나무는 편평한 편이다. 잎이 시든 겨울에는 가시가 난 모양으로 구별한다. 초피나무는 가시가 마주나고 산초나무는 어긋난다.

초피나무의 열매는 향이 강해서 추어탕이나 생선 요리의 비린내를 없애는 향신료로 쓰고 산초나무 열매는 냄새가 순해서 기름을 짜서 식용한다. 해마다 이 나무들의 열매를 따서 요긴하게 쓰는 산골 사람들은 이들을 구분하거나 이름 부르기에 헷갈리는 법이 없다.

내 고향 사람들은 초피를 제피, 산초를 난두라고 부른다. 초피와 산초는 헷갈리기 쉬우나 제피와 난두는 어감이 확실히 달라서 기억하기 쉬웠다. 나 역시 제피와 난두라고 부르기 시작한 후로는 더이상 이름 부르기에 혼란이 없었다. 이름의 느낌이 많이 다른 것이 두 식물을 구분하기에도 도움이 되었던 듯하다.

초피나무(왼쪽)와 산초나무(오른쪽)의 꽃차례

### 산초나무

*Zanthoxylum schinifolium* Siebold & Zucc.

전국의 산지에서 키 높이 정도로 자라며 잎과 가시가 모두 어긋난다. 암수딴그루로 7~8월에 편평꽃차례에 지름 5mm 정도의 꽃들이 핀다. 수그루의 꽃차례에도 암꽃이 피고 결실을 하는 경우가 드물게 있다.

### 왕초피나무

*Zanthoxylum simulans* Hance

제주도의 저지대 숲 가장자리에서 2~4m 높이로 자라는 갈잎떨기나무. 초피나무에 비해 작은잎의 개수가 적은 반면 크고 향기가 없다. 4~5월에 새가지 끝에서 꽃잎이 없는 꽃들이 원뿔모양꽃차례로 핀다.

### 개산초

*Zanthoxylum armatum* DC.

영호남 이남, 동해안 등지에서 1~5m 높이로 자라는 늘푸른떨기나무. 작은잎이 3~7개인 깃꼴겹잎으로 잎줄기에 좁은 날개가 있다. 암수딴그루이나 수그루가 드물고, 4~5월에 원뿔모양꽃차례로 꽃이 핀다.

# 한겨울에 잘 보이는 감태나무

**감태나무** *Lindera glauca* (Siebold & Zucc.) Blume

중부 이남의 산지에서 8m 정도 자라는 녹나무과의 떨기나무.
4~5월에 잎겨드랑이에서 연두색 꽃이 우산모양꽃차례로 달린다.
암수딴그루로 알려져 있으나 수그루가 관찰된 기록이 없다.

내 고향 마을로 들어가는 산굽이에 감태나무가 모여 사는 험한 바위비탈이 있다. 옛날부터 동네 사람들은 그곳을 감태벤달이라고 불러왔다. 벤달은 절벽이나 비탈을 일컫는 경상도 방언이다. 가까이 다가갈 수 없는 절벽지대에 자라는 감태나무를 알아볼 수 있는 까닭은 모든 활엽수가 앙상하게 잎을 떨군 한겨울에도 잎을 달고 있기 때문이다.

겨울이 깊어지기 전에는 내가 사는 지방에 그렇게 감태나무가 많이 자라는 줄 몰랐었다. 나무의 자태나 잎 모양에서 쉽게 알아볼 수 있는 특징이 없는 데다가 꽃까지도 너무 자잘해서 애써 찾지 않으면 눈에 띄지 않는다. 그런데 모든 나무들이 잎을 떨구었을 무렵에는 아주 멀리서도 감태나무를 알아볼 수 있다. 앙상한 가지들과 퇴색한 낙엽만 쌓인 숲에서 밝은 벽돌색의 잎이 두드러지기 때문이다.

암꽃차례

감태나무는 잎에서 바다에서 나는 해조류인 감태 맛이 나서 붙은 이름이라고 한다. 감태(甘苔)는 '단맛이 나는 김'이라는 뜻으로, 김보다 밝은 녹색이고 조직이 섬세하다. 주로 서해안 지역에서 자라고 재배도 하는데, 무침으로도 먹고 김처럼 가공해서 먹기도 한다. 김보다 생산이 적어 비싼 가격으로 거래되는 감태는 약간 달고 고소하며 특유의 향이 있다. 감태나무 잎에서 정말 감태 맛이 나는지 씹어 보았더니 그런 맛이 나는 듯 마는 듯하였다.

이름의 유래는 그렇다 치고 감태나무의 생태에는 도무지 풀리지 않은 의문이 있다. 암수딴그루로 알려진 이 나무의 수꽃그루를 어느 누구도 보았다는 사람이 없고, 식물도감이나 인터넷에서 수꽃의 모양을 확인할 수도 없다. 그럼에도 불구하고 열매를 맺고 새로 태어난 어린 나무들을 볼 수 있다. 이러한 현상은 감태나무가 자생하는 일본에서도 다르지 않다고 한다.

감태나무처럼 수그루가 발견되지 않고 암그루만 자생하는 바위모시(비양나무)는 비양도의 분화구에서 조밀하게 무리 지어 사는 걸로 보아 땅속에서 줄기를 뻗어 번식하는 듯하다. 그런데 감태나무는 무리에서 동떨어진 곳에서도 홀로 사는 개체를 종종 만나게 되므로 이들의 탄생은 미스터리가 아닐 수가 없다.

혹시 감태나무는 암수한그루 식물이거나 그 꽃이 양성화인데도 자성(雌性)이 극단적으로 강한 식물인지라 수꽃이나 수술의 웅성(雄性)이 완벽히 묻혀버린 건 아닐까. 마치 요즘 남자들이 여자들 앞에서 꼼짝 못하는 것처럼 말이다. 오늘날에는 결혼하지 않은 여성도 어떤 특별한 은행의 도움으로 아기를 얻을 수 있지만 설마 감태나무가 다른 나무의 꽃가루로 결실을 하겠는가. 잎에서 난다는 감태 맛은 긴가민가하고 감추어진 태생의 신비는 짙은 의문으로 남아 있다.

# 육모방망이를 닮은 가침박달 열매

**가침박달** *Exochorda serratifolia* S. Moore

중부 이북의 건조한 산지에서 2~3m 높이로 자라는 장미과의 갈잎떨기나무.
잎은 양끝이 뾰족한 타원형으로 가장자리 상단에 톱니가 있고 하단은 밋밋하다.
4~5월에 새가지 끝의 총상꽃차례에 지름 4cm 정도의 양성화가 달린다.

우리나라에 자생하는 나무들 중에서 가장 많은 종을 아우르는 과는 단연 장미과다. 80여 종이나 되는 장미과의 나무들은 벚나무붙이, 딸기 종류, 여러 가지 조팝나무들처럼 대식구를 거느리는 집안이 있는 반면에 가침박달이나 병아리꽃나무처럼 1속 1종의 독자도 있다. 이러한 독자성은 그와 비슷한 식물이 존재하지 않으므로 알아보기가 쉽다.

가침박달은 그 모양새만 독특할 뿐 아니라 이름도 별나고 분포지역은 제한되는 편이다. 우선 꽃모양에서는 조물주가 보다 개성 있는 작품을 만들어보겠다고 고심한 흔적이 보인다. 꽃잎을 넓직하게 만들면서 꽃잎 사이는 간격을 두어 바람이 잘 지나가도록 했다. 넓은 꽃잎이 밋밋하게 보이지 않도록 살짝 주름을 넣고 꽃잎 끝을 톱니 모양으로 마무리해서 얼핏 보면 종이를 오려 만든 꽃처럼 보인다.

가침박달 열매

무엇보다도 가침박달의 정체성은 독특한 열매 모양에 있다. 옷을 지을 때 천과 천이 이어지는 솔기는 옷의 안쪽으로 들어가 외부로 노출되지 않는데, 가침박달의 열매는 이 솔기가 밖으로 노출된 모양을 하고 있다. 그 솔기는 천의 끝단이므로 감침질을 해서 천의 올이 풀어지지 않도록 한다. 안감을 대지 않은 옷을 뒤집어 보면 감침질한 부분을 볼 수가 있다.

가침박달이라는 이름도 바로 감침질을 한 듯한 열매의 모습에서 유래한 걸로 짐작된다. 즉 박달나무처럼 단단한 나무에 감침질을 한 듯한 열매가 달려서 감침박달이라고 부르다가 가침박달이 되었을 거라는 설이다. 가침박달의 속명 'Exochorda'는 그리스어로 바깥쪽을 뜻하는 'exo'와 끈이나 실을 뜻하는 'chorde'의 합성어인데, 밖에서 감침질을 한 열매의 모습과 관련이 있을 법하다.

나는 '가침' 뒤에 붙은 '박달' 때문에 이 열매에서 박달나무로 만들었다는 육모방방이를 떠올렸다. 대개의 장미과 식물들처럼 가침박달도 꽃잎이 다섯 장이고 열매도 감침질한 듯한 모서리가 다섯이다. 비록 모서리 하나가 덜한 오모방망이지만 그 모습은 육모방망이를 연상하기에 충분했다.

가침박달은 저마다의 자태를 자랑하는 식물들이 모인 정원에 심어도 주눅들지 않을 만큼 꽃이 우아한 나무다. 야생에서는 대체로 중부 이북의 석회암 성분이 많은 지역에서 어쩌다 만나게 되는 나무여서 꽃나들이의 즐거움을 더해준다.

# 오월에 내리는 눈 노린재나무

**노린재나무** *Symplocos chinensis* f. *pilosa* (Nakai) Ohwi

전국의 산지에서 2~5m 높이로 자라는 노린재나무과의 갈잎떨기나무.
잎은 길이 4~8cm의 타원형이고 가장자리에는 자잘한 톱니가 있다.
5월에 원뿔모양꽃차례로 꽃이 피며 열매는 남색으로 익는다.

오월이면 가지마다 눈송이가 소복소복 쌓인 듯 피는 꽃이 노린재나무다. 빙수기계에서 막 갈아낸 얼음 부스러기 같기도 해서 팥빙수 생각도 난다. 꽃잎보다도 더 긴 꽃술이 풍성해서 낱낱의 꽃이 잘 드러나지 않기 때문이다. 노린재나무보다 한발 앞서 꽃이 피는 윤노리나무는 나무 형태와 잎 모양이 아주 비슷하지만 꽃술이 꽃잎보다 짧아서 눈송이나 빙수 같은 느낌은 들지 않는다.

노린재나무는 나무를 태운 재가 노르스름해서 얻은 이름이라는 유래설이 보편적이다. 평생 나무를 연구한 학자인 박상진 박사는 한 걸음 더 들어가서 노린재나무라는 이름은 이 나무의 옛 이름 황회목(黃灰木)에서 유래했고, 연한 노란색을 띠는 재를 매염재(媒染劑)로 사용했다고 한다(우리 나무의 세계 1, 김영사). 매염제란 염색하고자 하는 섬유에 염료를 잘 착색시키는 물질이다. 그런데 국어사전에서 황회목은 '누르스름한 회색 물을 들인 무명'으로 나와 있어서 학자의 주장에는 약간의 의문이 남아 있다.

노린재나무와 비슷한 나무가 두 가지 더 있는데 한라산에 자생하는 섬노린재나무와 주로 남부지방에서 볼 수 있는 검노린재나무다. 섬노린재나무는 잎이 원형에 가깝게 넓은데 끝이 갑자기 좁아져서 뾰족한 꼬리처럼 되고, 열매는 노린재나무가 밝은 남색을 띠는 데 비해 훨씬 짙은 남색을 띤다. 검노린재나무는 잎이 노린재나무보다 길쭉하고 열매가 검은색에 가까운 남색이다.

위로부터 노린재나무, 섬노린재나무, 검노린재나무 열매

노린재나무는 키 작은 나무여서 햇빛을 잘 받는 숲 가장자리에서 흔히 눈에 띄지만 큰키나무들이 우거진 숲 그늘에서도 틈틈이 들어오는 햇빛으로 씩씩하게 잘 자란다. 양지에서 자라는 노린재나무는 비교적 홀쭉한 수형을 이루는 데 비해 그늘의 나무는 줄기를 최대한 편평하게 펼쳐서 한 줌 빛이라도 더 받는 모양이 된다.

노린재나무의 속명 Symplocos는 수술이 모두 꽃잎에 붙어 있다는 걸 의미한다. 그래서 낙화를 보면 가운데에 암술과 씨방이 쏙 빠진 구멍이 있을 뿐 꽃모양이 온전하다. 흔히 볼 수 있는 개불알풀 종류와 물칭개나물도 꽃잎에 두 개의 수술이 붙어서 온전한 모습으로 떨어진다. 노린재나무의 하얀 꽃에는 꽃잎보다 길고 풍성한 수술이 고스란히 붙어 있어서 꽃이 질 무렵에는 나무 아래가 초여름에 눈이 내린 듯한 정경을 연출한다.

### 섬노린재나무

*Symplocos coreana*
(H. Lév.) Ohwi

한라산 자락의 계곡 및 숲 가장자리에서 3~5m 높이로 자란다. 노린재나무에 비해 잎이 넓고 끝이 급히 좁아져서 꼬리처럼 된다. 열매는 지름 6mm 정도의 길쭉한 구형이고 짙은 남색이다.

### 검노린재나무

*Symplocos tanakana*
Nakai

경남, 전남, 제주도의 산지에서 최대 8m 정도까지 자란다. 잎이 노린재나무에 비해 좁은 편으로 잎 끝이 서서히 좁아진다. 열매는 지름 6mm 정도의 길쭉한 구형으로 검은색에 가까운 남색으로 익는다.

# 매자나무과의 나무와 풀꽃들

**매자나무** *Berberis koreana* Palib.

경기, 강원, 충북의 숲과 하천 가장자리에서 키 높이 정도로 자라는 갈잎떨기나무. 어린 가지에 길이 5~10mm의 가시가 있고 잎은 길이 5cm 정도의 주걱 모양이다. 5월에 가지 끝에서 나온 꽃차례에 지름 6mm 정도의 꽃이 달리고 열매는 둥글다.

산과 들길을 가면서 풀과 나무의 이름을 일일이 불러줄 수 있다면 기분 좋은 일이다. 이름과 모양이 비슷비슷한 형제뻘이 많은 식물들을 만날 때는 머리가 복잡해지는데, 매자나무과에는 단 여섯 종의 나무와 풀만 있어서 이름을 불러주기가 쉽다.

산에서 만나는 매자나무과의 나무는 크게 매발톱나무와 매자나무 두 가지다. 매발톱나무는 마디마다 나오는 3개의 날카로운 가시가 매의 발톱을 닮았다는 뜻의 이름이다. 이 나무는 아주 높은 산에서 자라므로 높이 나는 매의 이름을 빌릴 만하다. 매발톱나무의 변종으로 울릉도의 왕매발톱나무와 한라산의 섬매발톱나무가 있는데, 왕매발톱나무는 잎이 보다 넓고 대형이며 섬매발톱나무는 가시가 크고 잎과 꽃이 작다. 근래에는 이들 두 변종을 생태적 변이로 보아서 같은 종으로 보는 추세다.

매자나무의 가시

'매자'는 매의 가시므로 사실상 '매발톱'과 같은 의미로 여겨진다. 매자나무는 중부지방의 숲 가장자리나 계곡 주변에서 드물게 자라는 한반도 고유종이다. 매자나무와 매발톱나무는 형태상 큰 차이가 없으나 굳이 가려보자면, 매자나무의 잎가장자리는 톱니가 둔하고 불규칙하며 열매가 둥글고, 매발톱나무는 잎가장자리 톱니가 예리하고 규칙적이고 열매는 길쭉하다.

매자나무과의 나무들은 모양의 차이보다는 만나는 곳에 따라 쉽게 구별할 수 있다. 간단히 말해서 중부지방의 낮은 숲이나 계곡에서 만났다면 매자나무일 것이고 해발 천 미터가 넘는 높은 산등성이에서 자라는 건 매발톱나무임에 틀림이 없다. 한라산에서 만나는 나무는 섬매발톱나무, 울릉도는 왕매발톱나무로 보아 무방할 듯하다.

매자나무과에는 두 가지 나무 외에 네 가지의 아름다운 풀꽃이 있다. 꽃이 피는 순서대로 보자면 한계령풀, 깽깽이풀, 삼지구엽초, 꿩의다리아재비다. 이들은 이름도 모양도 전혀 닮지 않으면서 저마다 빼어난 미모를 자랑한다. 그중에서 한계령풀은 매자나무 꽃을 그런대로 닮은 꽃을 피운다. 눈이 채 녹지 않은 높은 산마루에 한계령풀이 무리 지어 꽃 필 무렵에 계곡 언저리에서는 깽깽이풀의 연보라색 꽃이 피어 탐화가들을 유혹한다. 이어서 네 개의 뿔을 단 닻 모양 꽃에 잎이 아홉 장이 달리는 삼지구엽초가 피고 6월에는 꿩의다리처럼 훤칠한 꿩의다리아재비가 작고 노란 꽃을 피운다.

이처럼 매자나무과의 나무와 풀들은 혼동할 일이 없이 이름을 불러주기가 쉽다. 나무들은 자라는 장소가 확연하게 다르고 풀들은 모양새가 전혀 다르기 때문이다. 저마다 개성이 뚜렷한 매자나무과의 식물들은 이름을 불러주기 쉬운 만큼 호감도 더 간다.

**매발톱나무** *Berberis amurensis* Rupr.

한라산과 지리산 이북의 고산지대의 능선부에서 키 높이 남짓 자란다. 마디에 길이 1~2cm의 가시가 있고 잎은 길이 3~10cm의 거꿀달걀모양이다. 5~6월에 가지 끝에서 지름 6mm 정도의 꽃이 늘어져 달리고 열매는 길쭉하다.

매자나무(왼쪽)와 매발톱나무(오른쪽) 열매

# 옻나무에게 치른 호된 신고식

**개옻나무** *Rhus trichocarpa* Miq.

전국의 산지에 분포하는 옻나무과의 갈잎떨기나무로 7m까지 자란다.
잎은 깃꼴겹잎모양으로 9~17개의 작은잎이 달리며 잎줄기가 붉다.
암수딴그루로 5~6월에 줄기 끝에서 원뿔모양꽃차례로 꽃이 핀다.

중학교에 들어가기 전에 옻나무에게 호된 신고식을 치렀다. 토끼 덫을 만들려고 산에 가서 나무를 자른 것이 화근이었다. 나뭇잎이 다 떨어진 겨울이라 그것이 옻나무인 줄 모르고 위를 쳐다보면서 톱질을 할 때 톱밥이 얼굴에 쏟아졌기 때문이다.

몇 시간이 지나지 않아 얼굴이 가렵고 붉게 변하면서 열이 나고 부어서 찐빵처럼 부풀었다. 이어서 좁쌀 같은 돌기가 돋아나고 이삼 일이 지나니까 진물까지 나오기 시작했다. 할머니의 처방대로 쌀뜨물이나 계란을 풀어 얼굴에 발라도 전혀 효과가 없었다.

옻을 아주 제대로 올라보려고 작심하고 옻 가루를 뒤집어 쓴 꼴이었다. 그 때문에 나의 알량한 자존심도 구겨졌다. 그때까지 한 번도 옻이 오르지 않았던 나는 옻을 타지 않는다고 은근히 뻐기던 터였다. 게다가 또래 아이들이 어쩌다 옻이 올랐을 때 놀려대기까지 했기 때문이다.

옻이 오르는 건 옻나무의 우루시올(urushiol) 성분이 일으키는 일종의 알러지(allergy) 증상이다. 그 시절 자동차도 다니지 않던 두메산골에서는 그만한 일로 병원이나 약국에 갈 생각조차 못했지만 요즘은 병원에 가서 주사를 맞고 연고를 바르면 피부에 오른 옻은 금방 회복된다. 두 달 가까이 고생한 끝에 중학교에 입학할 때까지는 그런대로 정상을 회복했다. 그 후로 장년이 될 때까지 몇 번 더 옻이 올랐던 걸 보면 옻은 면역도 되지 않는 듯하다.

엄밀하게 말하자면 그때 내가 혼이 났던 나무는 개옻나무였다. 옻나무는 중국에서 들여와 재배하는 나무로 떨기나무에 가까운 개옻나무와는 달리 20m 정도까지 자라는 큰키나무이고 잎줄기에 붉은색이 돌지 않는 차이가 있다. 쉽게 말하자면 산에서 자라는 옻나무는 모두 개옻나무로 봐도 무방하다.

우리말로 '칠하다'라는 동사는 옻을 뜻하는 한자어 칠(漆)에서 유래한 말일 것이다. 옻은 삼국시대로부터 가구나 그릇, 귀한 물건에 바르던 보편적인 도료였다. '칠흑같이 어둡다'는 말의 칠흑(漆黑)은 검은색을 내는 옻에서 유래한 표현이다. 옻나무에게 호된 신고식을 치르고 중학교에 입학하면서 칠흑 같은 깜장 교복을 입었다. 고등학교 졸업 때까지 6년이나 입었으니 그 깜장 옷과 깜장 옻의 인연이 묘하기만 하다.

# 병꽃나무의 씁쓰레한 학명

**병꽃나무** *Weigela subsessilis* (Nakai) L. H. Bailey

전국의 산지에서 키 높이 남짓 자라는 병꽃나무과의 갈잎떨기나무.
5~6월에 길이 3cm 정도의 황록색 꽃이 피었다가 점차 붉게 변한다.
꽃받침조각은 5갈래이고 밑부분까지 깊게 갈라지는 특징이 있다.

병꽃나무는 우리나라 어디서나 자주 만나는 나무다. 높은 산과 낮은 산, 음지와 양지를 가리지 않으며 추위에도 잘 견디는 데다가 염분이 많은 바닷가에서도 잘 자라는 생명력이 강한 나무다. 꽃이 필 때는 황록색이었다가 차츰 붉은색으로 변하므로 나무 전체는 울긋불긋하다. 이러한 생태적 특성과 아름다움 때문에 야생식물이지만 정원수로도 흔히 심어진다.

병꽃나무라는 이름은 꽃부리가 병을 닮아서 유래했다. 긴 꽃부리를 유심히 보면 입구는 나팔처럼 넓은데 절반쯤에서 갑자기 좁아진다. 말하자면 병목 부분은 병을 썩 닮았는데 꽃부리가 열려 있으니 밑이 터져버린 병 모양이다.

국내에 자생하는 병꽃나무는 학자에 따라 5종에서 10종까지 분류하고 있으나 야생에서 흔히 볼 수 있는 것은 병꽃나무와 붉은병꽃나무가 대다수다. 병꽃나무는 처음에 연한 황록색으로 꽃이 피어 점차 붉은색으로 변해 가는 데 비해 붉은병꽃나무는 처음부터 붉은색으로 꽃이 피는 차이가 있다. 그리고 꽃받침조각이 갈라지는 정도와 잎 표면의 털의 유무 등 미미한 차이가 있으나 무엇보다도 큰 차이는 병꽃나무는 한반도에서만 발견되는 고유종이라는 점이다.

그런데 학명 *Weigela subsessilis* (Nakai) L. H. Bailey에는 어디에도 우리나라 고유종임을 알 수 있는 단서가 없다. 속명 Weigela는 독일의 화학자 C. E. Von Weigel에게 헌명한 것이고, 종소명 subsessilis는 잎자루가 거의 없다는 의미의 라틴어다. 그 뒤에 붙은 괄호 안의 나카이는 한반도 식물을 조사하면서 이 나무를 신종으로 발표한 일본의 식물학자고, 최종 명명자인 L. H. Bailey는 마지막으로 이 나무를 병꽃나무속에 정리한 미국의 식물학자이다.

결국 병꽃나무의 학명은 독일, 일본, 미국의 식물학자들 이름 사이에 잎자루가 거의 없다는 종소명 'subsessilis'를 끼워 정리되었다. 학명의 배열이 마치 열강의 식민지 쟁탈전 시대의 우리나라를 보는 듯하다. 일찍이 근대과학에 눈뜨지 못했던 역사의 회한과 아픔이 느껴지는 학명이다. 라틴어를 제대로 읽지 못하는 내게는 종소명 'subsessilis'가 자꾸만 '씁쓰레...'로 읽힌다.

**붉은병꽃나무** *Weigela florida* (Bunge) A. DC.

전국의 산지에서 키 높이 남짓 자라는 갈잎떨기나무. 잎 양면에 털이 있는 병꽃나무에 비해 표면에 털이 거의 없고 뒷면에 밀생한다. 5~6월에 잎겨드랑이에서 길이 3.5cm 정도의 붉은색의 양성화가 2~3개씩 달린다. 꽃받침조각이 중간까지 갈라지며 대체로 높은 산지에 분포한다.

# 참빗의 추억을 불러오는 참빗살나무

**참빗살나무** *Euonymus hamiltonianus* Wall.

중부 이남의 산지에서 3~8m 높이로 자라는 노박덩굴과의 갈잎소교목.
5~6월에 새가지 끝부분에 지름 8mm 정도의 녹백색 꽃이 모여 핀다.
장주화와 단주화가 있으며 열매는 4각 상자모양이고 붉게 익는다.

참빗살나무의 이름은 옛날에 머리를 빗던 참빗과 관련이 있는 듯하다. 참빗은 전통 머리빗 중에 가장 빗살이 촘촘한 작은 빗이었다. 빗살의 간격이 머리카락 한 올이 겨우 빠져나갈 정도로 섬세하여 빗살이 굵고 성긴 얼레빗으로 머릿결을 대강 정리한 다음에 곱게 다듬는 데 쓰였다.

참빗은 옛 여인이 머리카락에 동백기름을 먹여 윤기를 더하고 가르마 양쪽으로 머릿결을 곱게 빗어 뒤에서 비녀를 꽂아 마무리한 모습을 떠올리게 한다.

그러나 어릴 적 산골 아이가 겪어야 했던 참빗질은 그런 고운 상상과는 한참 거리가 멀었다. 집 안에 수도가 없었던 옛날에는 지금처럼 자주 머리를 감지 못했을뿐더러 세수도 우물물을 길어와 마당에서 찬물로 하는 편이었다. 지금 세대는 이해하기 어렵겠지만 옛날의 빗질은 요즘의 머리 감기나 마찬가지였다. 참빗질은 머리카락에 묻은 온갖 먼지와 때를 벗겨내는 일이었고 보다 중요한 건 머리카락에 기생하는 이와 서캐를 털어내는 일이었다. 오죽하면 참빗을 '서캐털이'라고 부르기까지 했을까. 그 무렵에는 남녀노소 구분 없이 열흘에 한 번 정도는 참빗질을 했는데 두말할 나위 없이 머리에 기생하는 이를 털어내는 일이 주된 목적이었다.

어린아이에게 그 빗질은 상당히 고통스러웠다. 머리카락이 뽑히는 느낌이 들 정도로 빗살은 사정없이 머리카락을 올올이 훑어 내렸고 날카로운 빗살에 긁혀 머리통에서 피가 날 때도 있었다. 그러한 주기적인 고통은 중학교에 들어가면서 머리를 박박 밀고 나서야 드디어 끝이 났다.

한라산의 참빗살나무.

머리카락 한 올 한 올의 때와 서캐를 제거하는 섬세한 빗살은 대나무로 만들었다. 참빗살나무는 빗살 부분의 좌우측 끝을 마감하는 목재로 쓰였다고 한다. 마감재는 빗살과 같은 대나무로 만들기도 했고 고급 빗은 소뼈로 만들었다고 한다. 참빗살나무가 활이나 도장의 재료로도 쓰인 걸 보면 재질이 단단하고 치밀한 나무임을 알 수 있다.

참빗살나무는 노박덩굴과의 여느 식물처럼 작고 귀여운 꽃을 피우고 예쁜 열매를 맺는다. 꽃은 백록색 꽃잎 넉 장에 빨간 꽃밥을 단 수술 네 개가 달리는데 암술이 수술보다 긴 장주화와 그 반대인 단주화가 있어서 가려보는 재미가 있다. 이 나무의 열매는 작은 네모 상자처럼 생겨서 꽃이 없어도 참빗살나무임을 알아보기 쉽다. 그리고 가을에 붉게 물드는 단풍과 함께 밝은 분홍색으로 익어가는 열매 또한 아름답다.

참빗살나무가 요모조모 예쁜 구석이 있기는 해도 역시 그 이름이 주는 이미지가 강하다. 그런 고통을 주던 참빗살의 추억이 있는 사람들은 점점 역사의 뒤안길로 사라져 간다. 머지않아 아무도 참빗살의 의미를 모르는 세상이 올 걸 생각하면 이 어설픈 이야기를 남겨 놓는 일도 나름 의미가 있을 것 같다.

꽃과 열매

참회나무 열매 ©박해정

# 참회나무 열매의 아름다움

**참회나무** *Euonymus oxyphyllus* Miq.

전국의 산지에서 2~4m 높이로 자라는 노박덩굴과의 갈잎떨기나무.
5~6월에 지름 7mm 정도의 황록색이나 연한 자색 꽃이 핀다.
열매는 지름 1cm 정도의 구형으로 9~10월에 붉은색으로 익는다.

참회나무 앞에서는 누구라도 한 번쯤 '참회'(懺悔)를 떠올릴 법하다. 물론 아무런 죄를 지을 리가 없는 나무가 참회할 일은 없을 터이다. 참회나무는 회나무와 구별하기 위해 회나무 앞에다 '참'을 덧댄 이름이고, 회나무는 나무껍질의 색이 회색이어서 유래한 이름이라고 한다.

그렇다고 참회나무가 회나무에 비해 특별한 쓰임이 있는 것도 아니고 '참'이라는 꽤 훌륭한 접두사를 얻어 쓸 만한 이유도 눈에 띄지 않는다. 참회나무와 회나무는 꽃과 잎은 차이가 없으나 참회나무의 열매는 구슬처럼 둥글고 회나무의 열매는 껍질이 갈라지는 봉합 부분이 날개처럼 납작하게 돌출되어 있다.

대체로 참회나무는 흔한 편이고 회나무는 높고 깊은 산에서 드물게 볼 수 있다. 참회나무와 상반되는 이름인 개회나무는 물푸레나무과의 식물로 분류 계통이나 생김새로 볼 때 아무런 관련이 없고 단지 수피가 회색이어서 부르는 이름이지 싶다.

참회나무와 회나무의 꽃은 연두색에다 크기도 작아서 몇 걸음 떨어져서는 잘 보이지 않는다. 그러나 그 꽃차례를 자세히 들여다보면 탄성이 절로 나올 만큼 아름답다. 숲 사이로 비집고 들어오는 햇살 사이로 가느다란 꽃줄기에 달린 작은 꽃들을 보면 숲의 요정이 잠시 걸어 놓고 잊어버린 귀걸이 같기도 하고 거미줄에 걸린 낙화 같기도 하다.

이 나무에서 꽃보다도 더 매력적인 것은 가을에 벌어지는 귀여운 열매다. 가을에 빨갛게 물드는 이 열매는 다섯 조각으로 열리면서 짙은 씨앗이 드러난다. 감추고 싶던 그 무엇을 마침내 활짝 열어 한 점 부끄러움도 남기지 않겠다는 모양이다. 물론 이름 때문이겠지만 그러한 열매의 모습에서 참회(懺悔)의 의미도 생각해 보게 된다.

참회는 신이나 부처와 같은 절대자 앞에서 회개하고 용서를 구하는 것이다. 그러므로 내면의 자정작용인 반성이나 후회보다는 더욱 통렬하고 진실할 수밖에 없다. 사람들은 참회의 과정을 거쳐 마음의 평화를 얻고 영혼의 정화에 이를 수 있다. 참회의 의미를 생각하면서 바라본 참회나무의 열매는 더욱 아름다워 보였다.

**회나무** *Euonymus sachalinensis* (F. Schmidt) Maxim.

전국의 산지에서 비교적 드물게 볼 수 있는 갈잎떨기나무다. 참회나무와 대부분이 비슷하나 열매에 작은 날개가 달려 있다.

참회나무(왼쪽)와 회나무(오른쪽) 열매

# 잎 위에 꽃을 올려놓는 회목나무

**회목나무** *Euonymus pauciflorus* Maxim.

전국의 높은 산지에서 키 높이 정도로 자라는 노박덩굴과의 갈잎나무.
회녹색 또는 회갈색의 줄기에 세로 방향으로 돌기와 껍질눈이 발달한다.
6~7월에 광택이 있는 적갈색 꽃 2~3개가 잎의 주맥 위에 얹히듯 핀다.

여름에 높고 깊은 산에 들 때는 은근한 기대감이 있다. 예쁘면서도 재미있게 생긴 회목나무 꽃과의 만남이다. 회목나무는 드물다기보다는 희귀할 정도로 만남 자체가 행운이다. 어느 꽃벗이 이 꽃을 보러 가자 하면 귀한 선물이라도 받은 듯 즐겁다. 중년이 넘어 꽃을 즐겨 찾아다닌 지도 20년이 되어 가는데 이 꽃을 두어 번밖에 만나지 못했기 때문이다.

제주도의 식물에 심취해서 그곳에서 몇 년 머무는 동안 그러한 만남이 한 번 있었다. 어느 제주도 토박이 꽃벗이 회목나무를 발견했다며 꽃이 한창이니 같이 가자는 연락을 해서 그야말로 열일 제쳐놓고 가기로 했다. 일부 자료에는 제주도

에는 분포하지 않는 식물로 나와 있고, 동호회의 온라인에서도 제주도의 회목나무를 본 적이 없었던 터라 반신반의하며 따라나섰다.

산행을 시작해서 숨이 차고 다리가 뻐근해 질 때쯤 오매불망 회목나무가 나타났다. 한라산 중턱의 평소에는 물이 흐르지 않는 계곡 바위틈에서 예의 독특한 꽃을 피우고 있었다. 연한 갈색에 작은 단추 모양을 한 꽃들이 잎 가운데에 하나씩 얹혀 있는 형상이었다. 납작한 꽃이 잎에 밀착된 모습은 잎에다 꽃을 상감해 놓은 듯했고, 아래쪽에서 햇살을 마주하고 보면 얇은 나뭇잎에 꽃무늬가 선명하게 드러났다.

회나무, 회잎나무, 참회나무처럼 '회'자가 들어간 회목나무 역시 같은 속의 나무다. 이들의 이름에 들어간 '회'자 돌림자는 나무껍질이 회색이어서 유래한 듯하다. 돌림자를 쓰지 않는 화살나무, 참빗살나무 등도 같은 회나무속이고, 그들의 먼 친척인 노박덩굴, 푼지나무, 사철나무 등과 함께 노박덩굴과에 속한다.

노박덩굴과의 꽃들은 대부분 비슷한 꽃모양을 공유하고 있는 데 비해 회목나무의 꽃만 일탈해서 파격의 미를 보여준다. 노박덩굴과의 꽃들은 대체로 자잘하고 흰색이나 연두색을 띠며 벌들이 즐겨 찾는다. 그런데 회목나무의 꽃은 잎 위에 납작하게 얹혀서 느낌으로는 벌들이 수분을 할 것 같지는 않아 보였다. 어떤 곤충이 어떤 방식으로 수분을 하는지 알 수 없으나 그 특이한 꽃모양이 회목나무의 희소성과 관련이 있지 싶다.

나는 경기도의 화악산과 제주도의 한라산에서 단 두 번 이 꽃을 만났다. 꽃이 피는 시기가 아니면 별 특징이 없는 이 작은 나무는 그냥 지나치기가 십상이다. 조금 더 욕심을 낸다면 어떤 곤충이 수분을 하고 열매는 어떻게 퍼져 가는지 살펴보고 싶다. 언제나 산행을 할 때는 이 나무와의 우연한 만남을 기대하고 있다.

# 독특한 아름다움을 지닌 박쥐나무 꽃

**박쥐나무** *Alangium platanifolium* var. *trilobum* (Miq.) Ohwi

전국의 산지에서 2~3m 높이로 자라는 박쥐나무과의 갈잎떨기나무.
3~5갈래로 얕게 갈라지는 잎이 박쥐 날개를 닮아서 유래한 이름이다.
6월 개화. 6장의 하얀 꽃잎이 위로 말리고 노란 수술 12개가 늘어진다.

박쥐는 일상에서는 볼 수 없는 어둠 속에 사는 동물이다. 동굴관광을 하거나 폐광 같은 곳을 일부러 찾아야 볼 수 있다. 박쥐는 보기 어려워도 박쥐를 닮은 나무는 웬만한 산에서 만날 수 있다. 박쥐가 어두운 동굴에서 서식하듯이 박쥐나무도 울창한 큰키나무 숲의 그늘에서 잘 자란다.

큰키나무들의 그늘 사이를 비집고 들어오는 햇살을 놓치지 않으려고 한껏 펼친 넓은 잎이 박쥐를 닮아서 박쥐나무가 되어버린 듯하다. 그 그늘 아래서 잎들을 쳐다보면 마치 수많은 박쥐들이 하늘을 덮은 모습이 보인다.

왠지 으스스한 느낌을 주는 나무 이름이나 잎 모양과는 달리 꽃은 해맑고 아름답다. 성냥개비 만한 하얀 막대기 모양의 꽃봉오리가 여섯 갈래로 벌어지며 꽃잎이 위로 말려 올라가면 노란 수술 12개와 그 가운데에 수술보다 살짝 긴 하야 암술이 드리워진다. 이 꽃은 여느 나무 꽃에서 볼 수 없는 독특한 아름다움을 연출한다. 그 모습은 옛날 부녀자들의 한복을 장식했던 노리개를 썩 닮았다. 어두운 숲 그늘에서 피는 이 꽃에 수많은 벌들이 모여드는 걸 보면 이들을 불러들이는 특별한 재주도 있는 것 같다.

박쥐나무 꽃

유별나게 생긴 꽃이 보여주듯이 박쥐나무는 국내에서는 1과 1속 1종의 나무다. 제주도와 남해안 지방에서는 잎이 깊게 갈라지는 박쥐나무가 있는데 그 잎이 단풍잎을 닮았다고 해서 단풍박쥐나무(*Alangium platanifolium*)라는 이름이 붙었다. 학자에 따라서는 잎이 갈라진 깊이가 연속적인 변이를 보이므로 같은 종으로 보기도 한다.

그런데 학명으로만 보자면 단풍박쥐나무가 기본종이고 잎이 덜 갈라져서 박쥐의 날개를 닮은 박쥐나무는 변종이다. 단풍박쥐나무를 박쥐나무에 묶어버리자는 견해는 학명상으로는 본말을 뒤집는 것이지만 국내에는 박쥐나무가 주류가 되다 보니 많은 사람들이 공감하고 쉽게 기억하는 이름이 되었다. 사실 그 식물이 자라는 지역이나 환경에 따라 이런저런 모양이 갖추어지는 것이지, 어떤 형태가 기본종이고 어떤 모양이 변종이라는 차별은 의미가 없다. 우리나라가 식물분류의 선진국이었다면 일찌감치 박쥐나무에 기본종의 학명을 붙였을 테니 말이다. 아무튼 서양이나 일본 이름에는 박쥐가 들어가지 않는다.

호기심에 들어간 컴컴한 동굴에서 후다닥 튀어나와 사람을 놀라게 하는 박쥐는 그리 호감이 가지 않는 동물이다. 그런데 1960, 70년대에 소년시절을 보낸 세대들에게 박쥐는 정의의 아이콘이었다. 당시 아이들이 열광했던 만화에 등장하는 황금박쥐나 배트맨의 영향이었으리라. 그런 캐릭터들이 아이들에게 박쥐를 친근하게 해주었다면 어른들에게는 박쥐나무, 특히 그 예쁜 꽃이 박쥐에 대한 비호감을 어느 정도 덜어줄 수도 있겠다.

**단풍박쥐나무** *Alangium platanifolium* (Siebold & Zucc.) Harms

박쥐나무에 비해 잎이 3~5갈래로 중간 이상 깊게 갈라진다. 잎의 갈라짐이 연속변이를 보여 박쥐나무와 같은 종으로 보는 견해도 있으나 학명으로만 보자면 단풍박쥐나무가 기본종이고 박쥐나무가 변종이다.

# 모감주나무 그늘 아래서

**모감주나무** *Koelreuteria paniculata* Laxm.

낮은 산지나 강가에서 3~6m 정도 자라는 무환자나무과의 갈잎떨기나무.
6~7월에 새가지 끝에서 길이 30cm 정도의 꽃차례로 꽃이 핀다.
가을에 풍선 모양 열매 속에 지름 7mm 정도의 씨앗이 검게 익는다.

신록의 계절에 피는 나무 꽃들은 열에 아홉이 흰색이다. 곤충들에게도 녹색 잎에는 흰 꽃이 눈에 잘 띄는 모양이다. 녹음이 어두워지는 여름 초입에 모감주나무는 노란색 꽃을 피운다. 이 나무는 이제 벌들도 흰색 꽃에 식상할 때가 된 걸 눈치챈 듯하다. 같은 시기에 꽃을 피우는 자귀나무는 야시시한 분홍색으로 존재감을 드러내고 다른 꽃나무들도 짙어진 녹음에 걸맞은 제각각의 색깔을 내기 시작한다.

모감주 꽃이 절정일 때는 신라시대의 찬란한 금관처럼 보인다. 꽃이 질 때는 황금비가 내리는 듯해서 영어로는 골든레인트리라고 한다. Goldenrain tree, 우리말로 옮기면 금비나무가 되니 참 예쁜 이름이다. 그렇게 찬란하고 풍성한 꽃을 피우므로 나무말이 '번영'이 되었지 싶다.

2018년에 대통령이 평양을 방문한 기념으로 숙소 뜰에 모감주나무를 심으면서 그 나무의 의미대로 남북이 함께 번영하기를 바라는 소망을 담았다고 밝혔다. 그런데 '번영'은 나무말이고 꽃말은 '자유로운 마음'이나 '기다림'이라고 한다. 수많은 나무들 중에서 모감주나무를 골라 심은 의미가 짐작되는 대목이다. 주로 황해도 이남에 자생하는 나무라고 하는데 그 북방한계 이북에 심어서 지난 70여 년 동안 늘 불안했던 남북관계처럼 이 나무의 안위도 염려가 된다.

평생 나무를 연구해온 박상진 박사는 옛날부터 모감주라는 이름을 같은 과의 비슷하게 생긴 무환자나무와 구분하지 않고 써 왔고, 무환자를 목감주로도 불렀다고 한다(우리 나무의 세계 1, 김영사). 무환자(無患子)는 악귀를 물리쳐서 우환이 없다는 의미이고, 목감주(木紺珠)는 씨앗이 자홍색 구슬처럼 생겼다는 뜻의 이름이다. 두 나무 모두 단단한 씨앗으로 염주를 만들었기 때문에 염주나무라고도 한다. 이 씨앗의 다른 이름 금강자(金剛子)는 금강석의 단단하고 변치 않는 특성에 비유하여 도를 깨우친 지덕이 단단하여 모든 번뇌를 깨트릴 수 있는 열매라는 의미다.

모감주나무는 일 년의 중간쯤인 하지를 전후해서 꽃이 핀다. 이른봄에 서둘러 꽃 피우는 나무들과는 달리 반년이나 지나 꽃을 피웠고 나머지 반년은 금강석처럼 단단하게 결실을 다져 갈 것이다. 깨달음의 최고 경지인 '금강'은 입에 올리기조차 외람된 말씀이고, 모감주 그늘 아래서 잠시 쉬며 지나온 날들을 돌아보고 남은 삶의 마무리를 생각해 본다.

수령 330년 정도로 추정되는 경북 안동시 송천동의 모감주나무

# 장구밤나무의 세 가지 이름

**장구밤나무** *Grewia parviflora* Bunge

낮은 산야나 도서지역에서 키 높이 정도로 자라는 피나무과의 갈잎떨기나무.
암수딴그루 또는 암수한그루로 6~7월에 지름 1.5cm 정도의 꽃이 모여 핀다.
지름 7mm 정도의 열매 2~4개가 서로 절반 정도씩 붙어 있거나 떨어져 있다.

장구밥나무는 서남 해안지대의 숲 가장자리에서 쉽게 만날 수 있다. 기후가 따뜻한 남부지방에서는 내륙 깊숙한 곳에서도 자란다고 한다. 암수딴그루 또는 암수한그루로 기술한 상반된 자료들이 있어서 혼란스러운 면이 있는데, 정확히 말하자면 이 나무는 암그루, 수그루, 양성화가 피는 나무가 따로 있다. 암수딴그루가 많은지 한그루가 많은지는 조사한 기록을 찾지 못했으나 내가 만났던 것은 모두 암수가 분명한 딴그루였다.

암꽃(왼쪽)과 수꽃(오른쪽)

장구밤나무 앞에 붙은 '장구'는 열매가 장구의 울림통처럼 붙어 있기 때문이다. 두 개부터 네 개까지 불규칙하게 몽글몽글 붙어 있거나 낱개로 떨어져 있기도 한데, 대체로 두 개가 장구통처럼 붙어 있는 것이 기본적인 형태인 듯하다.

열매 ⓒ박태성

이 열매는 씨앗이 대부분을 차지하므로 먹을 건 없고 새들에게 성의를 표할 정도의 과즙이 있다. 고양이 눈물만큼 있는 새콤달콤한 과즙을 심심풀이로 빨아먹다가 보면 오히려 허기가 진다. 사람들은 이런 우연한 경험에서 장구밤나무의 열매가 소화를 촉진할 뿐만 아니라 설사를 멎게 하는 데에도 탁월한 효능이 있는 걸 알게 된 듯하다. 황해도 지방에서 이 나무를 '잘먹기나무'라고 부르는 것은 아마도 이러한 효능과 관련이 있을 듯하다.

과거의 자료에서 장구밥나무는 대부분 장구밤나무로 표기되어 있다. 장구밤나무라는 이름이 문헌상으로 처음 등장한 것은 1937년에 발간된 『조선식물향명집』이었다. 이 나무의 주요 자생지 중 하나인 전남 방언을 채록한 것이라고 하는데, 담황색의 열매가 붙어 있는 모양이 장구통이나 잘 익은 밤톨을 닮은 데서 나온 이름으로 보인다.

장구밥나무라는 이름은 1966년에 이창복 박사가 발간한 『한국수목도감』에 처음으로 등장했다. 한동안은 장구밤나무의 잘못된 이름으로 취급을 받다가 지금은 보편적인 추천명이 되었다. 장구밤나무야 장구밥나무를 소리 나는 대로 썼을 수 있지만, 기왕에 『조선식물향명집』에서 장구밤나무라고 표기한 것을 이창복 선생이 장구밥나무로 개명을 한 데는 그만한 이유나 확신이 있지 않았겠는가. 황해도 지방의 향명인 잘먹기나무 역시 장구밤나무보다는 장구밥나무 쪽에 더 호응하는 듯하다.

# 비오는 날의 향기 누리장나무

**누리장나무** *Clerodendrum trichotomum* Thunb.

중부 이남의 숲 가장자리에서 2~5m 정도 자라는 마편초과의 갈잎떨기나무. 7~8월에 가지 끝부분에 꽃이 달리며 열매는 가을에 짙은 남색으로 익는다.

안개비가 내리는 어느 여름날 산길에서 문득 짙은 백합 향기가 스쳤다. 사방을 두리번거려도 향기의 근원이 아리송했다. 저만치 누리장나무 꽃이 피어 있어도 설마 누린내가 난다는 그 나무의 향기라고는 생각지 못했다. 달콤하고 신선한 향기를 따라가 보니 놀랍게도 누리장나무 꽃의 향기였다.

누리장나무는 냄새가 누리다고 해서 얻은 이름이고 냄새오동(臭桐)이라고도 한다. 그 누린내는 같은 마편초과의 누린내풀에서 나는 냄새와 비슷한데 아주 거북하지는 않으나 상쾌한 냄새라고는 할 수 없다. 그런데 비가 누린내를 향기롭게 만드는 마법을 부렸는지 누린내가 백합꽃 향기로 변했다. 굳이 그 마법 같은 현상을 추리해보니 빗줄기가 잎과 줄기에서 나는 누린내는 씻어 내리고 비오는 날의 묵직한 대기가 꽃향기를 더욱 짙고 오래 잡아두는 듯했다.

향기뿐만 아니라 누리장나무 꽃에는 백합꽃을 쏙 빼닮은 곳이 더 있다. 바로 짙은 자주색 꽃밥 덩어리를 달고 있는 긴 수술이다. 그런 크기와 모양의 꽃술은 대

암꽃시기와 수꽃시기가 공존하는 꽃차례

개 호랑나비나 제비나비 같은 큰 나비들을 위한 것이다. 수술 끝에 달린 꽃밥은 진공청소기의 헤드처럼 회전하면서 나비 날개에 꽃가루를 부빈다. 참나리 꽃과 마찬가지로 누리장의 꽃에도 호랑나비와 제비나비들이 즐겨 찾는다.

누리장나무의 꽃술은 암술과 수술이 시간차를 두고 자란다. 꽃이 피면 먼저 수술 네 개가 우뚝 서서 꽃가루를 나비 날개에 묻히는 수꽃 역할을 한다. 암술은 밑으로 처져 있다가 수술이 꽃가루를 털어내고 오그라들면 곧추서서 다른 꽃의 꽃가루를 기다린다. 이때는 암꽃의 시간이다. 암술과 수술의 성장 시기를 다르게 해서 자화수분을 방지하는 꽃이 더러 있는데 이 꽃은 꽃술이 길어서 그들의 역할 교대를 확연하게 볼 수 있다.

진한 향기를 뿜던 꽃은 가을에는 다섯 장의 꽃받침이 빨갛게 물들어 또 다른 꽃이 된다. 그래서 어떤 탐화가는 일 년에 두 번 꽃을 피운다고까지 한다. 그때는 빨간 꽃받침 가운데에 검은 사파이어처럼 반짝이는 열매를 담아 새들을 유혹한다.

누린내 때문에 멀리했던 나무가 어느 비오는 여름날의 우연한 만남으로 가까워졌다. 그 고혹적인 향기 때문인지 꽃도 한결 우아하고 매력적으로 보였다. 비오는 날에 어느 시장 골목에서 나는 빈대떡 냄새가 한잔 술을 유혹하고 짙은 커피향이 막연한 그리움을 자아내듯이…

# 주경야독의 불을 밝혔던 쉬나무

**쉬나무** *Tetradium daniellii* (Benn.) T. G. Hartley

낮은 산지나 민가 주변에서 7m 정도 높이로 자라는 운향과의 낙엽 소교목.
암수한그루 또는 암수딴그루로 7~8월에 지름 10cm 정도의 편평꽃차례로 꽃이 핀다.
검고 윤이 나는 종자는 38%가 기름 성분이어서 등유나 머릿기름을 짜냈다.

조선시대의 양반은 이사를 갈 때 두 가지 나무 씨앗을 챙겨갔다고 한다. 바로 쉬나무와 회화나무의 종자였다. 쉬나무는 씨에서 등불을 켜는 기름을 얻을 수 있었기 때문에 주경야독에 요긴한 나무였고, 회화나무는 수형이 단아하고 품격이 있어서 선비를 상징하는 나무로 여겼기 때문이다.

쉬나무는 드물지도 흔하지도 않고 그 모양도 수수한 나무다. 무심코 보면 흰 꽃이 피는 비슷비슷한 나무들 중의 하나여서 지나치기 십상이지만 온통 잎만 무성한 7월에 거의 유일하게 풍성한 꽃을 피워 벌들의 집합소가 된다. 벌들이 얼마나 많이 모이는지 영어로는 벌을 두 번이나 넣어 Beebee-tree라고 한다. 게

다가 편평꽃차례를 이루는 자잘한 꽃들이 조금씩 순차적으로 꽃을 피우기 때문에 한 달이 넘도록 벌들을 즐겁게 해주는 훌륭한 밀원식물이다.

쉬나무는 상당히 믿을 만한 자료에서도 상반된 설명을 하고 있다. 즉 어떤 도감에는 암수한그루로, 어떤 책에는 암수딴그루 식물로 나와 있다. 마침 동네 부근의 산에 쉬나무가 흔한 편이어서 유심히 관찰해보니 모두 암수한그루였다. 그러나 어떤 지역에서는 암수가 다른 그루로 자라기도 하는 모양이다.

쉬나무는 수유(茱萸)나무가 발음이 편하게 변한 이름이라고 한다. 한자로는 쉬나무 茱, 쉬나무 萸자를 쓰는 싱거운 이름이다. 북한에서는 그냥 수유나무라고 부르는데 국가적으로 이 나무 심기를 적극 장려하고 있다. 만성적인 식량 부족과 경제난을 겪는 북한에서 쉬나무는 꿀, 식용유, 약재, 비누 등 주민생활에 요긴한 물자를 얻을 수 있는 중요한 자원식물이기 때문이다.

경상도와 전라도 일부 지역에서는 소등(燒燈)나무라는 이름으로 불렀다. 소등은 횃불이다. 활활 타오르는 횃불은 범세계적으로 혁명의 아이콘이기도 하다. 쉬나무 열매의 기름은 선비의 밤을 밝혀 나라의 지성을 기르기도 했지만 지배계층의 학정이나 횡포에 저항하며 떨쳐 일어난 횃불을 밝히기도 했을 것이다. 그 내력을 더듬다 보니 이 나라의 지성과 혁명의 불을 밝혔던 쉬나무가 제법 대견하다.

# 03 주변의 큰키나무들

어느 산에서나 흔히 만나는 소나무와 참나무는
우리나라의 대표 나무라고 해도 지나치지 않다.
소나무, 참나무가 밑그림을 이루고 있는 산에는
단풍나무, 오동나무, 가죽나무 등이 점점이 보이고
계곡과 냇가에는 버드나무, 느티나무가 자리 잡는다.
헐벗은 국토의 녹화를 위해 들여온 아까시나무는
토박이처럼 정착하여 사람들과도 정이 들었다.
주변에서 쉽게 이용할 수 있었던 키 큰 나무들은
오랜 세월 백성들의 삶을 지탱하는 큰 힘이 되었다.

# 바람이 가자하네

바람이 가자하네
이제 떠날 때라고
까마득한 태초부터
살아있는 모든 것들이
그렇게 떠났다며

내 떠난 자리에 새봄이 오면
봄비가 고사리 손을 보듬어
탄생의 첫 촉감을 선사하고
연둣빛 풋풋한 새 잎엔
황홀한 햇살이 입 맞추겠지
짙푸른 여름 그늘에서는
새들의 노래 즐거울 테고
황금빛 절정이 지나면
이 바람은 다시 불어오리라

돌아오는 봄은
나의 것이 아니어도
바람이 내려준 곳 흙이 되어
새 생명의 축복이 되리라

**단풍나무** *Acer palmatum* Thunb.

주로 남부지방의 산지에서 10~15m 높이로 자라는 단풍나무과의 갈잎큰키나무. 잎은 마주나며 손바닥 모양으로 보통 7갈래로 갈라지고 가장자리에 톱니가 있다. 수꽃양성화한그루로 4~5월에 새가지 끝에서 지름 5mm 정도의 꽃이 모여 핀다.

### 당단풍나무

*Acer pseudosieboldianum* (Pax) Kom.

전국의 산지에 분포하며 높이 8m 정도의 소교목으로 자란다.
잎은 7~11갈래로 갈라지나 보통 9갈래이고 뒷면에 백색 털이 밀생한다.
수꽃양성화한그루로 4~5월에 새가지 끝에서 홍자색의 꽃이 모여 달린다.

# 버드나무들과의 오랜 인연

**버드나무** *Salix pierotii* Miq.

계곡이나 하천 주변 등 습한 땅에서 20m까지 자라는 갈잎나무.
암수딴그루로 4월에 잎이 나는 동시에 이삭 모양으로 꽃이 핀다.

버드나무는 내 성장과정의 의미 있는 순간마다 곁에 있었다. 첫 만남은 아버지의 손을 잡고 저고리에 콧수건을 달고 초등학교에 입학할 때였다. 학교는 동네 뒷산 고개를 넘고 실개천이 흐르는 작은 골짜기와 징검다리가 있는 개울을 건너 신작로를 따라 한참 가야 했다.

그때까지 학교를 구경해 본 적이 없었던 산골아이에게는 설렘보다는 막연한 두려움이 앞섰다. 얼음이 제법 두텁게 남아 있는 실개천을 건너면서 한 무리 버들강아지를 만났다. 할머니가 입버릇처럼 '어이구 내 귀여운 강아지' 하던 소리를 들어왔던 터라 그 버들강아지들이 입학을 축하하는 친구들 같았다. 얼음장 위로 내민 가지에서 그렇게 예쁜 강아지들이 봄을 맞을 준비를 하는 걸 보고서 내 다리에도 힘이 솟았다. 어린 마음에도 너도 같은 설렘을 안고 봄을 맞고 있구나 하는 생각을 했었다.

근래에 나무에 관심을 가지면서 버드나무 종류가 참 많다는 걸 알게 되었다. 도감에 나온 종류만도 수십 가지가 되고 그중에 열 가지 정도는 주변에서 흔히 볼 수 있는 것들이었다. 그때 만났던 버들강아지는 갯버들이었다. 갯버들은 버드나무 종류 중에서는 가장 먼저 꽃을 피우는 나무다.

제법 야물딱진 소년이 된 열 살 무렵에는 큰 송아지 등에 올라타고 버들피리를 부는 객기를 부리기도 했다. 버드나무 가지에 한창 물이 오르는 봄에 줄기에서 껍질을 피리 모양으로 쏙 빼내기가 쉬웠다. 줄기의 굵기와 길이에 따리 부우~~ 하는 점잖은 소리도 나고 빼~~ 하는 고음도 났다. 지금은 콘크리트로 제방을 쌓아 마을 앞 냇가의 버드나무가 모두 사라졌지만 그 무렵에는 갯버들과 버드나무들이 큰물로부터 논밭을 지켜주었었다.

사춘기에 들어선 어느 봄날 수양버들 늘어진 강 언덕에서 만났던 소녀가 있었다. 걷잡을 수 없이 울렁거리는 가슴을 진정시키면서 커튼처럼 늘어진 버들가지 사이를 거닐던 그 시간이 꿈길 같았던 걸 보면 아마도 첫사랑이었는지도 모른다. 대개 그 시절 풋사랑이 그렇듯이 이유도 모르고 헤어지던 날도 수양버들이 있었다. 실처럼 늘어진 버들가지와 때맞추어 내리던 빗줄기가 무척이나 처연했던 날이었다.

반백이 되어 귀향을 했을 때 읍내 성곽 밖에서 거대한 왕버들 한 그루를 만났다. 그때까지 알고 있었던 버들잎은 날렵한 모양이었는데 왕버들의 잎은 사과나무 잎처럼 넓었다. 밑동 둘레가 어른 서넛이 팔 벌려 맞잡아야 할 정도였고 그 그늘은 두어 집 마당을 족히 덮을 만했다. 오랜 세월 넉넉한 품을 만들고 범접할 수 없는 위엄을 갖춘 거목은 내게 묻고 있었다. '그대의 그림자는 어떤 모습인가'라고…

갯버들

*Salix gracilistyla* Miq.

하천, 습지 가장자리에서 키 높이 정도로 자라는 갈잎떨기나무. 암수딴그루로 3~4월에 잎보다 꽃이 먼저 피며, 꽃차례가 어긋난다.

키버들

*Salix koriyanagi* Kimura ex Goerz

크기와 자생 환경이 갯버들과 비슷하나 줄기를 수직으로 길게 뻗는다. 갯버들에 비해 잎과 꽃차례가 길쭉한 편이고 꽃차례가 마주난다.

### 호랑버들

*Salix caprea* L.

전국의 산지에서 흔히 볼 수 있으며 10m 높이까지 자라는 갈잎나무. 암수딴그루로 4~5월에 잎이 나기 전에 짧은 이삭 모양으로 꽃이 핀다. 호랑버들과 아주 유사한 **여우버들**(*Salix xerophila*)은 주로 고산지대에 분포하며 호랑버들보다 잎이 둥글고 가장자리에 거의 톱니가 없는 차이가 있다.

### 수양버들

*Salix babylonica* L.

줄기가 길게 늘어져 풍치목으로 주로 식재하며, 20m 정도까지 자란다. 수양버들에 비해 줄기가 꼬불꼬불한 **용버들**(*S. matsudana* f. *tortuosa*)과 꽃에 털이 많은 **능수버들**(*S. pseudolasiogyne*)을 동종으로 보는 견해도 있다.

### 선버들

*Salix triandra* subsp. *nipponica* (Franch. & Sav.) A. K. Skvortsov

하천가나 습지에서 버드나무와 비슷한 모양으로 높이 3~10m 정도로 자란다. 대부분 버드나무 꽃의 수술이 2개 달리는 데 비해 수술이 3개인 특징이 있다.

### 왕버들

*Salix chaenomeloides* Kimura

저지대의 습지나 하천가에서 높이 20m, 지름 1.5m까지 크게 자란다. 잎은 길이 8cm 정도의 타원형으로 다른 종에 비해 크고 넓은 편이다.

# 나의 솔베이지 산돌배나무

**산돌배나무** *Pyrus ussuriensis* Maxim.

전국의 산지에 분포하는 갈잎큰키나무로 15m쯤 자란다.
4~5월에 꽃이 피며 수술은 20개 정도, 암술대는 다섯 개다.
8~10월에 지름 3~6cm 정도의 열매가 황갈색으로 익는다.

우리나라 마을마다 있는 당산나무는 마을의 수호신 대접을 받고 있다. 내 고향에서는 당산나무를 '동네할배'라고 부르며 지금도 음력 정월과 시월에 제사를 지낸다. 대개 당산나무는 거목이 된 느티나무나 팽나무, 소나무, 그리고 은행나무 같은 것들인데, 내 고향에서는 보기 드물게 산돌배나무가 당산나무가 되어 해마다 제사를 받고 있다.

어렸을 적에 동네 할아버지로부터 이 나무가 당산나무가 된 내력을 들었다. 이 나무는 백오십 년쯤 전에 마을에 큰 홍수가 났을 때 산에서 떠내려와서 마을 어귀에 자리를 잡았다고 한다. 마을 사람들은 나무 한 그루 없던 들녘에 자리 잡은 이 나무를 하늘이 내린 선물로 여기고, 다시는 떠내려가지 않도록 큰 돌로 단을 쌓았다. 농사일을 하다가 그 그늘에서 쉬며, 새참도 먹고 하던 나무가 세월이 흐르면서 자연스럽게 동네 수호신이 되었다. 어른들은 그 아래서 장기를 두고 아이들은 고누를 두었던 마을의 유일한 놀이터이기도 했다.

어릴 적의 나에게 그 당산나무는 실로 어마어마한 존재였다. 까마득히 솟은 나무 꼭대기는 세상에서 가장 높은 곳처럼 멀어 보였다. 봄에 꽃이 피면 그 향기가 들녘에 가득했고 가을이 되면 아이들 주먹 만한 돌배가 열렸다. 그 배는 어쩌다 산에서 보는 돌배보다는 훨씬 크고 달았다. 과일다운 과일을 구경할 수 없었던 옛날에 그 돌배는 누구나 먹고 싶어 했는데, 어른이나 큰 아이들은 요령껏 따먹었으나 예닐곱 살이었던 나는 맛볼 기회가 거의 없었다.

나는 맘씨 좋은 동네 형 덕분에 딱 한입 베어 물었던 그 달달한 맛을 잊지 못한 채 고향을 떠났다. 어렸을 적에 아득하게 쳐다보기만 했던 나뭇가지 높이가 나이가 들어 고향에 찾아올 때마다 낮아졌다. 그러구러 수십 년 세월이 흐르면서 나무는 노쇠하고 원줄기가 썩어서 무너졌다. 모든 잎이 떨어진 겨울에는 도무지 살아있다는 느낌이 들지 않을 정도로 삭고 초췌한 줄기들이 봄이 오면 기적처럼 풍성한 꽃을 피우고 새잎을 내곤 했다.

어릴 때 고향을 떠난 나는 어느 해 봄 백발이 다 되어서 페르 귄트처럼 고향으로 돌아왔다. 마을 어귀에 들어서면서 그 당산나무의 안위가 우선 궁금했다. 늙은 나무는 동네 초입에서 눈부시도록 하얀 꽃을 가득 피워 나의 귀향을 반겨주었다. 까닭 없이 눈물이 흘러내렸다. 언제 수명을 다할지 모르는 나무가 피운 그 하얀 꽃이 평생 고향을 지키며 페르 귄트를 기다렸던 솔베이지의 백발처럼 보였기 때문이었을까. 그해 가을에는 60여 년 전과 다름없이 돌배가 풍성하게 열렸다. 그 옛날 단 한입 맛보았던 그 맛 역시 변함이 없었다.

## 콩배나무

*Pyrus calleryana* Decne.

주로 호남지방의 산지에 분포하며 5~8m 높이로 자라는 갈잎나무. 4~5월에 잎과 동시에 지름 2.5cm 정도의 꽃이 편평꽃차례로 핀다. 열매는 콩과 비슷한 모양과 크기로 늦여름에 흑갈색으로 익는다.

## 팥배나무

*Sorbus alnifolia* (Siebold & Zucc.) K. Koch

전국의 산지에서 20m 높이까지 자라는 갈잎큰키나무. 4~6월에 지름 1.5cm 정도의 꽃들이 겹편평꽃차례로 핀다. 열매는 팥과 비슷한 모양과 크기로 초가을에 붉게 익는다.

# 나무 중의 으뜸 소나무

**소나무** *Pinus densiflora* Siebold & Zucc.

전국에 분포하는 늘푸른큰키나무. 높이 30m, 지름 1.5m 정도까지 자란다.
암수한그루로 4~5월에 수구화수는 새가지 끝에, 암구화수는 그 위에 달린다.

소나무는 옛사람들의 삶을 꾸려가는 데에 가장 많이 베푼 나무다. 그 공덕은 이루 헤아릴 수 없지만 무엇보다도 집을 짓는 최고의 목재로 쓰였다. 옛날 우리나라의 건축물은 대궐로부터 백성들의 초가집까지 대부분 소나무로 지어졌다. 음식을 장만하고 방을 덥히는 데에도 가장 많이 쓰였던 땔감이었을 것이다. 그리고 영면의 보금자리인 관(棺)이 되어 삶을 마친 사람의 사후까지도 헌신했다.

한자 솔 송(松)은 상대를 높일 때 쓰는 公에 나무 木변을 붙인 글자이므로 이로 미루어 보아도 옛사람들이 얼마나 소나무를 높이 여겼는지 알 수 있다. '우두머리'나 '거느리다'라는 뜻을 품은 한자 솔(率)에서도 소나무의 모습이 보인다. 그런저런 까닭으로 나는 소나무의 '솔'을 '최고'라는 의미로 막연하게 믿는다.

애국가 2절은 '남산 위에 저 소나무 철갑을 두른 듯'으로 시작한다. 이렇듯 소나무는 후렴에서 반복되는 무궁화를 빼고는 애국가에 유일하게 등장하는 나무로, 모진 바람과 서리에도 변함없이 꿋꿋한 우리 민족의 기상에 비유되는 나무다. 사육신의 한 분인 성삼문의 절명시라고도 할 수 있는 시조에서 소나무는 '백설이 만건곤할제 독야청청'하는 선비의 절개를 상징한다.

소나무는 이렇게 높은 기상과 곧은 절개를 자랑하는 나무만은 아니었다. 먹을 것이 부족했던 시절에는 자신의 속껍질로 사람들의 배고픔을 달래준 정 많은 나무였다. 송기(松肌)라고 하는 그 속껍질은 소나무 가지가 한창 물을 끌어올리는 여름에 먹었다. 송기는 성장이 왕성한 10년생쯤 되는 소나무의 끝에서 두 번째 마디를 잘라내어 낫으로 겉껍질을 얇게 벗겨내고 하모니카처럼 양손으로 잡고 뜯어 먹었던 간식거리였다. 봄에 하늘이 누렇게 보일 정도로 날리는 송홧가루로는 다식(茶食)을 만들어 먹었다.

한여름 밤에 마당에 관솔불을 피워 놓고 식구들과 도란거리던 어린 시절도 그립다. 관솔은 송진이 많이 엉긴 소나무의 가지나 옹이인데 불이 밝고 오래 탄다. 무더운 여름철에 농촌에서는 마당에 모깃불과 관솔불을 피워 놓고 저마다의 잔일을 했다. 아버지와 작은아버지는 새끼를 꼬거나 가마니를 짜고 어머니와 고모는 설거지를 하고 할머니는 곰방대를 물고 물레질을 하면서 이런저런 이야기를 나누었다.

그 시간은 적어도 수천 년을 이어 내려온 우리 민족의 퀄리티 타임(quality time)이었다. 단순하게 옮기자면 '소중한 시간' 정도가 되겠지만 서양 문화에서는 '하루 일을 마치고 가족과 함께 대화를 나누며 보내는 시간'을 일컫는 말이다. 서양 사람들의 퀄리티 타임에 벽난로가 따뜻한 분위기를 자아내고 있었다면 우리들의 소중한 시간에는 소나무 향기가 짙은 관솔불이나 호롱불이 중심에 있었다. 그 시간들이 그립고 아련한 것은 단순히 돌아갈 수 없는 추억이어서가 아니라 지금은 실종되다시피 한 가족들의 소중한 시간이 간절하기 때문이다.

우리나라의 소나무는 수형에 따라 곧게 자라는 소나무는 금강송, 넓게 퍼지며 자라는 나무는 반송, 가지가 처진 모양은 처진소나무로 세분하기도 한다. 세 가지 형태 모두 소나무의 품종이나 개체변이다.

영월 솔고개의 반송

울진 근남면의 처진소나무

**곰솔**

*Pinus thunbergii* Parl.

해안 및 인근 산지에 자생하며 높이 25m, 지름 1.5m 정도까지 자란다. 수피가 적색인 소나무와 달리 짙은 회색이고 잎이 길고 억센 편이다. 암수한그루로 4~5월에 수분하고, 열매는 달걀 크기로 이듬해 가을에 익는다. 바닷가에서 자라서 해송, 수피가 검은색에 가까워서 흑송이라고도 한다.

# 청설모와 잣나무 열매

**잣나무** *Pinus koraiensis* Siebold & Zucc.

주로 높은 산지의 능선부에서 50m 높이까지 자라는 소나무과의 늘푸른나무.
솔잎과 비슷한 바늘잎이 5개씩 뭉쳐나며 뒷면은 기공선이 있어 흰색을 띤다.
암수한그루로 4~5월에 수분하고 열매는 이듬해에 파인애플 모양으로 익는다.

1990년대 중반에 잣나무가 많이 자라는 지방에서 있었던 일이다. 한 공무원이 동남아의 어느 나라에서 원숭이를 훈련시켜 야자열매를 따는 걸 보고는 같은 방법으로 잣을 따게 하자는 아이디어를 냈다. 참신한 제안으로 채택되어 십 수 마리의 원숭이를 도입해왔으나 원숭이가 잣나무 진을 너무 싫어해서 도무지 나무에 오르려 하지 않았고, 손발에 비닐장갑을 씌워줬더니 나무에 오르다가 자꾸 미끄러져서 결국 실패하고 말았다.

크게 자라서 까마득한 가지 끝에 달린 잣나무의 열매를 따는 일은 여간 어려운 일이 아니다. 그래서 요즘은 긴 자루에 달린 낫이 닿는 열매만 수확하고 그보다 높은 가지의 열매는 자연에 맡긴다고 한다. 높은 곳에 달린 잣의 열매는 어치와 같은 조류나 청설모나 다람쥐의 몫이다. 청설모는 나무 위에서 바로 잣을 까먹거나 열매를 나무 밑으로 떨어뜨린 다음에 집으로 가져가서 겨울 양식으로 저장한다.

잣나무 열매

언젠가 잣나무 숲을 지나다가 나무 밑에 떨어진 잣 열매 몇 개를 발견하였다. 까먹고 버린 껍질도 있었고 통째로 떨어진 열매도 있었다. 분명 청설모의 소행이었다. 진을 묻히기가 싫어서 열매를 가져갈 생각은 없었지만 어디선가 지켜보고 있을 청설모의 반응을 보려고 짐짓 줍는 시늉을 해보았다. 아니나 다를까 열매에 손을 뻗치니 나무 위에 있던 청설모 한 마리가 화가 단단히 나서 신경질적인 소리를 지르고 있었다.

작은 짐승이 전하는 메시지는 분명했다. 자신의 양식을 빼앗지 말라는 분노와 항의였다. 애당초 열매를 탐냈던 건 아니었지만 그 소리에 기가 질릴 정도였다. 몹시 화가 난 청설모를 달래지 않을 수 없어서 미안하다는 손짓을 하면서 얼른 자리를 피했다.

좋은 분위기는 아니었어도 야생의 짐승과 나눈 진지한 대화였다. 산길을 갈 때 어떤 새나 짐승이라도 대화를 나눌 수 있다면 얼마나 즐거우랴. 그렇다고 그들이 좋아하는 먹이로 꼬드기는 건 그들의 건강과 야생성을 해칠 수 있으므로 좋은 방법은 아니다. 같은 숲길을 자주 다니면서 눈을 맞추다보면 친숙해지지 않을까 기대할 따름이다.

수령 500년쯤 되는 안동시 대곡리의 천연기념물 상수리나무

# 여섯 가지 참나무 구분하기

**상수리나무** *Quercus acutissima* Carruth.

전국의 낮은 산지에서 높이 20m, 지름 1m 정도로 자라는 갈잎큰키나무.
잎은 길이 10~20cm의 장타원형으로 가장자리에 잘고 예리한 톱니가 있다.
4~5월에 수꽃차례는 10cm 정도 늘어지고 암꽃차례는 잎겨드랑이에 달린다.

엄밀히 말하자면 우리나라에서 '참나무'라는 이름을 가진 나무는 없다. 참나무는 참나무속(Quercus)의 12가지 대표적인 나무 중에 낙엽이 지는 여섯 가지, 즉 떡갈나무, 신갈나무, 굴참나무, 갈참나무, 졸참나무, 상수리나무를 통틀어 부르는 이름이다.

같은 참나무속의 늘푸른잎나무 여섯 가지는 대부분 남해안과 온난한 섬에서 자라는데 개가시나무, 참가시나무, 붉가시나무 등등 무슨 가시나무로 부른다. 참나무과는 이 참나무속의 12가지 나무 외에 밤나무, 구실잣밤나무, 너도밤나무의 세 식구만 더 있는 비교적 단출한 가문이다.

참나무라는 이름에는 나무 중의 나무, 정말 좋은 나무라는 의미가 있는 듯하다. 1960년대까지만 하더라도 시골에서는 산에서 나무를 해서 밥을 짓고 난방을 했다. 그 무렵 땔감으로 해온 나무들이 대부분 참나무와 소나무였다. 참나무는 나무 땔감으로도 훌륭하지만 숯으로 가공했을 때 화력이 좋고 오래 가서 더욱 그 진가를 발휘한다. 참나무로 만든 숯을 참숯이라고 하는데 참나무라는 이름은 이 '참숯'에서 유래했을 개연성이 높다. 여섯 가지 참나무 중에서도 상수리나무로 구워낸 참숯을 최고로 쳐준다는 이야기를 들었다.

나무가 아무리 좋아도 쉽게 구할 수 없다면 좋은 나무가 될 수 없고 그림의 떡이다. 무엇보다도 여섯 가지 참나무들은 어느 산에서나 흔히 자라서 좋은 것이다. 이 나무들은 오랜 세월 좋은 땔감으로 쓰였고 수많은 도토리로 굶주림을 면하게 했다. 그리고 아름다운 목재가 되었고 너와지붕이 되는가 하면 표고버섯도 길러냈다. 참나무의 속명 'Quercus'는 켈트어로 질이 좋다는 의미의 'quer'와 재목을 뜻하는 'cuez'의 합성어로 알려져

참나무속 나무의 잎, 열매, 수피 비교.
왼쪽부터 굴참나무, 상수리나무, 갈참나무, 졸참나무, 신갈나무, 떡갈나무

있으므로, 우리말 '참나무'와 그 의미가 크게 다르지 않다.

여섯 가지 참나무들과 친해지려면 우선 이름부터 제대로 부를 수 있어야 했다. 도감을 정독하고 사진을 보니 이 여섯 가지는 각각 두 종류씩 많이 닮아있었다. 비슷한 두 가지를 짝을 지어 비교하는 방법으로 세 쌍을 정리해보니 구분해서 기억하기가 쉬웠다.

우선 굴참나무와 상수리나무가 쌍둥이처럼 비슷하다. 이들은 잎이 밤나무 잎처럼 길쭉하며 자잘한 톱니가 가지런한 공통점이 있는데, 굴참나무 잎은 뒷면에 회백색 털이 밀생하여 흰색을 띠는 데 비해 상수리나무는 뒷면이 연한 녹색이다. 굴참나무는 껍질이 굵고 깊게 갈라지고 상수리나무는 자잘하게 갈라지는 차이가 있다. 굴참나무는 껍질에 골이 깊어서 골참나무라고 부르다가 굴참나무가 되었다는 설이 있고, 산촌에서 기와 대신 굴참나무 껍질로 지붕을 얹은 집을 굴피집이라고 한다. '기와 백년 굴피 천년'이라는 말이 있을 정도로 지붕자재로 훌륭하다. 상수리나무는 도토리를 의미하는 한자어 상실(橡實)에서 유래한 이름이라고 한다. 참나무들은 모두 도토리를 만들지만 상수리 도토리가 가장 맛있는 모양이다.

상수리나무

그 다음으로 갈참나무와 졸참나무가 주걱 모양 잎에 가장자리의 톱니가 가지런한 점이 닮았다. 잎 크기는 개체 차이가 있으나 평균적으로 갈참나무는 밥주걱, 졸참나무는 구둣주걱 만하다. 잎의 크기를 비교하기가 애매하면 졸참나무의 톱니가 안쪽으로 약간 굽는 특징으로 구분할 수 있다. 그리고 졸참나무의 도토리는 홀쭉한 편이라면 갈참나무의 것은 비만형에 가깝다.

참나무 여섯 종류 중에 네 가지는 잎자루가 있고 두 가지는 잎자루가 거의 없다. 잎자루가 있는 종은 '굴참', '갈참', '졸참'처럼 참나무 돌림자를 쓰고 굴참나무와 아주 비슷한 상수리나무만 예외적으로 돌림자를 쓰지 않는다. 잎자루의 길이가 5mm 미만으로 아주 짧은 두 종은 '신갈', '떡갈'로 갈나무 돌림자를 쓴다. 신갈나무와 떡갈나무는 참나무들 중에 잎이 가장 넓고 가장자리 톱니가 물결 모양이다. 신갈나무의 잎은 신발 깔창으로 쓰기에 적당한 크기고 떡갈나무 잎은 얼굴을 가릴 정도로 크다. 신갈나무와 떡갈나무에 대해서는 다음 글에서 이야기를 이어가고자 한다.

국가표준식물목록에는 졸갈참나무, 떡신갈참나무 등 이름만 보아도 변이종이나 자연교잡종으로 여겨지는 참나무 종류가 스무남은 가지나 더 있다. 경험상 이런 종들의 특징을 기억하고 찾아보는 일은 그리 즐거운 일이 아니었다. 이런 얼치기들 간에 자연교잡이 반복되면 참나무 종류가 수십 수백 가지로 불어나기 때문이다. 게다가 이런 얼치기들은 참나무의 기본종 여섯 가지의 특징을 아무리 공부하고 기억하더라도 실제로 어떤 나무를 만났을 때 이름 부르기를 주저하게 만든다.

**굴참나무**

*Quercus variabilis* Blume

상수리나무와 유사하나 잎 끝이 덜 갸름한 편이고 뒷면이 회백색이다.
수피의 코르크층이 두터워서 상수리나무에 비해 깊고 크게 갈라진다.

## 갈참나무

*Quercus aliena* Blume

주로 해발고도가 낮은 산지에서 높이 25m, 지름 1m 정도까지 자란다. 잎은 거꿀달걀모양이고 신갈나무에 비해 가장자리의 톱니가 얕고 가지런하다. 떡갈, 신갈나무보다 잎자루가 길고, 졸참나무에는 없는 물결 모양 톱니가 있다.

## 졸참나무

*Quercus serrata* Thunb. ex Murray

중부 이남의 낮은 산지에 분포하며 나무의 크기는 다른 참나무와 비슷하다. 졸참나무는 다른 참나무에 비해 잎과 도토리가 상대적으로 작다. 잎가장자리의 톱니가 얕고 물결 모양이 없으며 살짝 안으로 굽은 모양이다.

신갈나무

# 신갈나무와 떡갈나무

**신갈나무** *Quercus mongolica* Fisch. ex Ledeb.

전국의 산지에 분포하며 높이 30m, 지름 1.5m 정도까지 자라는 갈잎큰키나무.
참나무류 중에서 가장 높은 지대까지 자라며, 잎가장자리에 물결 모양 톱니가 있다.
4~5월에 잎이 나면서 동시에 꽃이 피고, 도토리는 길이 1.5~2cm 정도다.

"신갈나무는 잎이 신발 깔창을 닮아서 신갈나무라고 한다면서요?"

함께 산길을 가던 동생이 신갈나무를 보고서 뚱딴지같은 질문을 했다.

"아니 그 무슨 혹세무민하는 소리냐? 신갈나무는 옛날부터 부르던 나무 이름이고, 깔창이 달린 신발은 적어도 20세기 이후의 일일 텐데 그게 말이나 되는 소리냐?"

"그야 그렇지만 잎 모양이나 크기가 신발 깔창과 비슷해서 이름 외우기는 좋아요."

생각해보니 헷갈리기 쉬운 참나무 여섯 가지 중에 신갈나무를 기억하기에 딱 좋은 비유였다. 그리고 옛날 사람들이 신었던 짚신을 생각하면 그럴 개연성도 있겠다는 생각이 들었다. 짚신은 바닥이 매끄럽지 않아서 신갈나무 잎 두어 장만 깔면 한결 발이 편했을 것 같고, 바닥이 닳아 구멍이 났을 때도 이 잎을 깔고 며칠은 더 신지 않았을까 싶은 것이다.

신갈나무 잎과 열매

나의 할머니도 집 주변에서는 짚신을 신다가 마실 나갈 때에만 하얀 고무신을 신었다. 동네 사람들 고무신이 모두 같아서 신발 코에 저마다의 표식을 해 놓았던 기억이 난다. 철이 없었던 그 시절에는 어서 고무신이 닳아서 엿과 바꿔 먹었으면 좋겠는데 어른들은 왜 그리 고무신을 아끼면서 거친 짚신만 신고 다니는지 이해하기 어려웠다.

떡갈나무는 잎 모양이 신갈나무와 비슷하고 크기는 두 배가 넘는데, 어른 얼굴을 완전히 덮을 수 있을 정도로 넓어서 아주 구별하기가 쉽다. 떡갈나무는 옛날에 떡을 찔 때 잎을 시루 밑에 깔거나 떡 사이에 넣어서 떡이 서로 붙지 않고 좋은 향기를 배게 했기 때문에 붙은 이름이라고 한다. 요즘 떡갈나무 잎은 냉장고에 배인 냄새를 없애는 용도로 많이 쓰는 모양이다.

군대에 갔다 온 사람이나 전쟁을 치렀던 사람들은 신갈나무나 떡갈나무에 감사해야 한다. 이 나무들은 어디에나 흔하고 잎이 넓어서 신속하게 위장(僞裝)을 하는 데 안성맞춤이었기 때문이다. 실제로 6.25전쟁 때의 기록 영상이나 사진을 보면 대부분 신갈나무나 떡갈나무 잎으로 위장을 하고 전투에 참가했던 것을 알 수 있다. 이 나무들이 몸을 가려준 덕분에 귀한 목숨을 건진 사람도 당연히 많았을 것이다. 살아가면서 정말 고마운 것은 이 나무들처럼 필요할 때 가까이 있는 것들이다.

떡갈나무

*Quercus dentata* Thunb.

주로 해발고도가 낮은 산지에 분포하며 높이 20m, 지름 70cm 정도까지 자란다. 잎은 폭 15cm, 길이 30cm 정도까지 자라고 뒷면에 회갈색의 털이 밀생한다. 4~5월에 잎이 나올 때 꽃이 피며, 도토리를 둘러싼 포가 털목도리처럼 풍성하다.

# 시무나무에 얽힌 추억

**시무나무** *Hemiptelea davidii* (Hance) Planch.

주로 하천 가장자리에서 15m 가까이 자라는 느릅나무과의 갈잎나무.
어린 가지에는 2~10cm 길이의 날카롭고 억센 가시가 발달한다.
수꽃양성화한그루로 4~5월에 꽃이 피고, 열매 한쪽에만 날개가 있다.

二十樹下三十客 시무나무 아래 서러운 나그네

四十里村五十飯 망할 마을에서 쉰밥을 먹었네

쉰밥을 얻어먹은 나그네가 야박한 마을 인심을 원망한다는 김삿갓의 시다. 이 시 첫머리의 이십수(二十樹)를 우리말로 풀어보면 '스무나무'가 된다. 이어서 10을 더하면서 차례로 등장하는 삼십객(三十客)은 서른 객에서 '서러운 나그네'로, 사십리(四十里)는 마흔리에서 '망할 마을'로, 오십반(五十飯)은 '쉰밥'이 되는 재미

있는 시다.

전래동요인 나무타령에도 '열아홉에 스무나무'라는 대목이 있다. 경상도에서는 '스무 개'를 '시무 개'라고 하고, 시무나무를 스무나무라고 부르는 지방도 있다. 필시 시무나무는 숫자 20과 어떤 관련이 있지 싶은데 그럴듯한 단서를 찾지 못했다.

시무나무는 어릴 적에 냇가에서 많이 보았던 나무였다. 고향을 떠나 오랜 세월 만나지 못하던 동안에도 그 모습은 또렷하게 기억하고 있었다. 시무나무는 봄철에 그 보드라운 잎을 따던 처녀시절 고모의 모습과 함께 간직하고 있다. 지금은 한참 할머니가 된 고모에게 그 자잘한 잎을 따서 무얼 했냐고 물었더니 그 시절에 쌀이 귀해서 시무나무 잎을 쌀가루와 버무려서 떡을 해먹었다고 했다. 시무나무 잎은 별 맛은 없이 그냥 배리배리했다고 한다. 고모는 그 '배리배리'한 맛을 살짝 비릿한 듯 상큼한 풀냄새로 기억하고 있다.

여린 잎은 퍼슬퍼슬한 떡을 만들어 먹고 날카로운 가시는 다른 군것질의 도구로 썼다. 맑은 개울에 바글바글했던 골배이(다슬기의 경상도 방언)는 한 냄비 삶아 온 식구가 둘러앉아 먹었는데, 시무나무의 가시는 골배이를 파먹기에 안성맞춤이었다. 긴 줄기에 가시가 한 스무 개쯤 달려서 시무나무가 되었는지도 모른다. 요즈음은 시도 때도 없는 하천정비 공사나 과수원과 경작지에서 무분별하게 살포하는 농약 탓인지 심심산골 내 고향의 개울에서도 다슬기를 보기 어려워졌다.

시무나무와 아무 관련이 없지만 이순신 장군이 남긴 약무호남 시무국가(若無湖南 是無國家)라는 말이 생각난다. 임진왜란 때 '만약 호남을 잃으면 나라도 지탱할 수 없다'는 의미로 쓴 말로 알고 있다. 오랜만에 시무나무를 만나 모든 삶이 자연 속에서 편안하게 꾸려졌던 시절을 돌아보니, 약무자연 시무인간(若無自然 是無人間), 자연이 파괴되면 인간도 없으리라는 생각이 든다.

# 느티나무 베어 달구지에 싣고

**느티나무** *Zelkova serrata* (Thunb.) Makino

주로 산지 계곡부에서 자라며 높이 30m, 지름 3m 정도까지 성장한다. 느릅나무과의 갈잎큰키나무이며 4~5월에 잎과 함께 꽃이 핀다.

지금으로부터 60년쯤 전의 일이다. 아버지가 동네 안쪽 골짜기에서 아름드리 느티나무 한 그루를 베었다. 그때 다섯 살배기 아들은 베어지는 나무의 고통과 슬픔을 헤아릴 줄 몰랐다. 베어낸 나무를 몇 토막으로 잘라 소달구지에 싣고 사십 리 떨어진 읍내에 갈 때 아이는 달구지를 타고 난생처음 동네 밖으로 세상 나들이를 하게 되었다. 그날 구경한 자동차와 제재소가 산골 아이에게는 기계문명과의 첫 만남이었다.

회전톱날이 굉음을 내며 통나무를 켜낼 때 나는 야릇한 공포에 휩싸였었다. 판자를 차곡차곡 달구지에 싣고 그 위에 걸터앉아 집으로 돌아올 무렵에야 엄청난 기계음과 무시무시한 톱날의 충격으로부터 조금씩 벗어나고 있었다. 딸랑거리는 소의 요령 소리와 장단 맞추듯 덜컥거리는 달구지 바퀴 소리, 그리고 초저녁 은은한 달빛이 기계문명에 놀란 어린 가슴을 다독거렸으리라.

느티나무 널판을 집 앞 호두나무 그늘 아래에 우물 정(井)자로 쌓아 놓고 두 해쯤 지나 고장에서 이름 높은 장인(匠人)을 모셔다 집에서 숙식하며 장롱을 짜도록 했다. 그로부터 반 년 동안 농을 짜는 작업을 구경하는 것이 내게는 흥미로운 일과였다. 목수가 가끔 쌀가마를 지고 가서 며칠씩 쉬고 왔는데 지금 생각하니 그것이 공임이었다.

산에서 임의로 나무를 베는 건 요즘 세상에는 말도 안 되는 일이지만 그 시절에는 천여 년을 그래왔듯 소나무를 잘라 집을 짓고 참나무는 땔감으로 쓰고 물푸레나무로는 괭이와 호미, 낫과 도리깨의 자루를 만들었다. 산에서 자라는 느티나무로는 가구를 짰고 마을 주변의 느티나무는 정자나무 쉼터가 되었다. 수천 년 동안 조상들의 휴식처가 되어준 나무 이름에 붙은 '느티'라는 말은 고된 농사일 틈틈이 '느긋하게 쉬는 터'라는 느낌으로 다가온다.

느티나무 꽃

언제부터인가 그러한 느티 거목들을 볼 때마다 미안한 마음이 들기 시작했다. 아마도 느티나무가 베어지고 다듬어져서 농이 되는 걸 지켜보았기 때문이지 싶다. 범인이 현장을 다시 찾는다는 말처럼 60년이 지나 나무를 베었던 곳을 찾았다. 그 계곡 가장자리에 오래전 베어진 나무의 후손들이 60년 전에 베어낸 나무보다 더 크고 무성하게 자라서 예전의 모습을 되찾은 걸 보고 나서야 비로소 면죄부를 받은 기분이 들었다.

그때 짠 느티나무 장롱은 회갑이 다 되도록 고향집에서 소임을 다해왔다. 제대로 짠 그 장롱은 오랜 세월이 지나도 휘거나 뒤틀림이 없고 벌레도 먹지 않았다. 얼마 전에 그 장롱을 뒷방으로 은퇴시키고 붙박이장을 설치하는 데 세 시간쯤 걸렸다. 예전에 3년이 걸렸던 장롱이 시간으로 환산하면 만 배 가까이 빨리 만들어진 셈이다.

언젠가는 아버지와 어쩔 수 없는 이별을 하겠지만 느티장을 볼 때마다 생각날 것이다. 그리고 나의 손자 손녀들에게는 느티나무 장롱을 짜던 할아버지의 시대, 소달구지에 달빛을 싣고 오던 그 옛날의 이야기를 전설처럼 들려주리라.

# 창호지를 새로 바르며

**꾸지나무** *Broussonetia papyrifera* (L.) L'Hér. ex Vent.

마을 주변이나 숲 가장자리에서 3~12m 높이로 자라는 뽕나무과의 갈잎큰키나무.
잎은 갈라지지 않거나 깊게 갈라지는 등 변이가 심하고 뒷면에 털이 많이 난다.
암수딴그루로 5~6월에 암꽃차례는 구형, 수꽃차례는 막대 모양으로 달린다.

태풍이 고향 동네를 심하게 할퀴고 갔다. 아침에 보니 심각한 피해는 없었으나 창호지가 거의 떨어져서 폐가의 문들처럼 펄럭이고 있었다. 밤새 비가 들이치면서 창호지를 붙인 풀을 눅눅하게 하고 바람이 밀어붙인 듯했다.

아버지는 어차피 문을 새로 바를 때도 되었는데 태풍이 거들어줬다면서 좋아하셨다. 해마다 눅눅한 여름이 지나고 나서 새것으로 발라야 하는 창호지는 붙이는 일은 간단하지만 묵은 종이를 창살에서 깨끗하게 떼어내는 일이 몇 배나 손이 많이 가기 때문이다. 아버지와 창호지를 붙이면서 문득 언젠가 읽은 '문구멍'이라는 동시가 떠올랐다.

빠끔 빠끔
문구멍이
높아간다
아가 키가
큰다

(신현득. 1959년 발표)

나와 동생들도 창호지에 빠끔빠끔 구멍을 내면서 자랐다. 그 시절에는 창호지가 한 해를 넘기지 못했지만 지금은 아이가 없어서 두어 해는 깨끗하다.

창호지의 보편적인 이름인 한지는 닥나무 껍질을 쪄서 벗기고 다듬어 얻은 섬유로 만든 종이다. 그때는 그냥 닥나무로만 알았던 것이 요즘 자세히 보니 꾸지나무였다. 꾸지나무는 암수딴그루, 닥나무는 암수한그루인 걸 빼고는 큰 차이가 없는데 그 시절 시골에서는 굳이 닥나무와 꾸지나무를 달리 부르지 않았던 것이다. 어쩌면 한지를 생산하는 데 정말 많이 기여한 건 닥나무가 아니라 꾸지나무일는지도 모른다. 그래서 '한지는 닥나무로 만든다'는 상식은 꾸지나무에게는 억울한 면이 있다.

꾸지나무의 억울함은 학명을 보아도 그러하다. papyrifera라는 종소명이 닥나무가 아니라 꾸지나무에 붙어 있어서 종이의 재료로 쓰임을 명시적으로 말해 주고 있기 때문이다. papyrifera는 고대 이집트에서 종이로 쓰던 papyrus로 오늘날의 종이, 종이 반죽을 뜻하는 paper/papier의 어원이 되었다.

아버지와 함께 창호지를 바르면서 떠오르는 추억들이 많았다. 아버지는 한지를 손수건 크기로 잘라 엽전을 싸서 제기를 만들어 주셨고 겨울에는 방패연이나 가오리연을 만들어 주셨다. 봄이 오면 입춘대길(立春大吉) 건양다경(建陽多慶)을 써서 대문에 붙이셨다. 지금은 몇 년에 한 번 창호지를 바를 때를 빼고는 한지를 만질 일이 별로 없다. 수십 년 만에 아버지와 창호지를 바르던 추억을 현실로 되돌려 준 건 태풍의 선물이었다.

꾸지나무의 암꽃(왼쪽)과 수꽃(오른쪽)

### 닥나무

*Broussonetia kazinoki* Siebold & Zucc.

마을 주변이나 숲 가장자리에서 2~6m 높이로 자라는 갈잎떨기나무.
암수한그루로 꾸지나무보다 한 달 정도 빠른 4~5월에 꽃이 핀다.
암꽃차례는 위쪽에, 수꽃차례가 아래쪽에 모두 공 모양으로 달린다.

산뽕나무 수꽃

# 뽕나무가 세 번 떨었다는 이야기

**산뽕나무** *Morus australis* Poir.

전국의 산지에서 6~15m 높이로 자라는 뽕나무과의 갈잎큰키나무.
암수딴그루(드물게 한그루)로 4~5월에 꽃이 피고 6월에 오디가 익는다.
재배식물인 **뽕나무**(*M. alba*)는 산뽕나무보다 잎 끝이 뭉툭하고 암술대가 짧다.

뽕나무나 산뽕나무를 만나면 뽕나무가 세 번 떨었다는 상삼진(桑三振)의 고사가 생각난다. 명나라의 태조 주원장(朱元璋)과 황후 마씨(馬氏), 재상인 상우춘(常偶春)의 이야기다. 주원장이 곤궁한 처지였을 때 그의 사람됨을 보고 도와 준 마씨가 황후가 되었고 전쟁터에서 생사고락을 같이하며 명나라를 세운 상우춘은 재상이 되었다. 어느 날 주원장이 '우리가 이제 더 무슨 욕심이 있을까마는 그래도 각자의 욕망을 말해 보자. 그 말에 거짓이 없다면 저 뽕나무가 부르르 떨릴 것이다'라며 진실 게임을 제안했다. 황제 앞에서 거짓을 말하면 뽕나무가 떨지 않을 터이니 황후와 재상은 참으로 난감했다. 주원장이 먼저 말하기를 '내가 천하를 가졌는데도 누가 뇌물을 갖다 바치면 기분이 좋다'고 하자 뽕나무가 부르르 떨었다. 이어서 마황후가 '조회를 할 때 신하들 가운데 젊고 잘 생긴 사람을 보면 마음이 끌린다'고 고백하자 뽕나무가 또 한 번 떨었다. 끝으로 상우춘이 '소신이 비록 일인지하 만인지상이나 그래도 황제 자리가 탐나니 사람의 욕심이란 끝이 없나 봅니다'라고 말하자 뽕나무가 또 한 번 크게 떨었다. 뽕나무가 떨 것이 아니라 목이 달아날지도 모르는 진실을 실토하는 사람이 떨 일이었다.

산뽕나무 열매

진실한 말에 뽕나무가 세 번 떤다는 이 이야기에는 진실과 허구가 절묘한 조화를 이룬다. 추측건대 뽕나무 桑자의 모양에서 누군가 기발한 스토리를 꾸며낸 듯하다. 이 상형문자는 나무 목(木)자 위에 또 우(又)자 세 개를 얹어서 뽕나무 모양을 그리고 있다. 또 又자는 '더욱', '용서한다'는 뜻으로도 쓰이므로 '너 또한 욕심이 더하구나. 그럼에도 불구하고 용서하마'라는 이야기를 지어낼 법하다는 생각이 든다.

비단실을 뽑는 누에를 먹이기 위해 기르는 뽕나무와 야생의 산뽕나무는 큰 차이가 없다. 산뽕나무는 뽕나무에 비해 잎 끝이 꼬리처럼 뾰족하게 튀어나오는 특징과, 열매가 익었을 때도 긴 암술대가 열매에 붙어 있는 차이밖에 없다.

산길을 가다가 산뽕나무를 만나면 나는 과연 무슨 진실을 이야기할 수 있을까. 지금 내 마음속 깊이 바라는 간절하고 진실한 소망은 무엇인지 생각해보게 하는 나무다.

# 어머니의 모습을 닮은 오동나무

**오동나무** *Paulownia coreana* Uyeki

산야나 개활지에서 20m 높이까지 자라는 현삼과의 갈잎큰키나무.
잎의 지름이 40cm 정도이고 4~5월에 원뿔모양꽃차례로 꽃이 핀다.
꽃부리 아래쪽에 줄무늬가 있는 경우를 참오동나무로 구분하기도 한다.

오동나무는 우리나라의 나무 중에서 가장 잎이 넓은 나무지 싶다. 어릴 적 어느 여름날 꼴을 베다가 갑자기 쏟아지는 소나기를 피한 곳이 오동나무 아래였다. 마침 근처에서 소 먹이던 동네 계집아이도 오동나무 밑으로 뛰어들었다. 소나기에 젖은 서로의 체취가 왠지 야릇하고 거북한 데다가 남녀칠세부동석(男女七歲不同席)의 관습이 엄격했던 시절이라 아무래도 자리를 피해야 할 것 같았다. 산골 아이는 주저 없이 오동잎 하나를 뚝 꺾어서 우산 삼아 집으로 왔다.

오동나무는 아주 오랜 옛날에 중국에서 들여와 심어 기르던 나무였다고 한다. 성장이 빠르고 목재가 가벼우면서도 변형이 적어서 가구나 거문고를 만들기 위해 많이 심었던 듯하다. 워낙 오래전부터 널리 재배하던 나무여서인지 오늘날은 어느 산에서나 볼 수 있을 정도로 흔하다.

그런데 안타깝게도 크게 자란 오동나무 중에서 성한 모습을 거의 찾아볼 수가 없었다. 거센 바람을 견디지 못하고 굵은 가지까지 잘 부러지는 것이다. 성장이 빠른 반면에 줄기가 약하고 잎이 넓어서 바람까지 많이 받으니 쉽게 부러지는 듯하다. 오동나무는 어머니처럼 푸근하고 넉넉한 자태를 지녔지만 그만큼 상처가 많은 나무다.

우리 속담에 '가지 많은 나무에 바람 잘 날 없다'는 말이 있다. 자식이 많으면 부모의 근심 걱정이 그칠 날이 없다는 뜻이다. 옛날에는 아이가 예닐곱이 되는 집이 보통이었고 열 명이 넘는 집도 드물지 않았다. 의료가 열악했던 그 시대에는 홍역 같은 전염병이라도 돌면 속수무책으로 자식들을 가슴에 묻어야 했다. 거센 바람에 굵은 가지들이 부러진 오동나무를 보면 그 옛날의 어머니들을 생각하게 된다.

옛날 사람들은 오동이라는 이름과 어머니의 의미를 연관시켰다. 아비는 하늘과 같고 어미도 아비와 같다는 의미에서 같을 '同'자 음이 들어 있는 오동(梧桐)나무를 어머니에 비유했다. 그래서 부친상을 당하면 대나무 줄기가 둥글게 빈 것을 하늘에 비유해서 대나무 상장(喪杖)을 짚었고, 모친상에는 오동나무 지팡이 끝을 땅을 상징하는 의미로 네모지게 깎아서 상장으로 썼다.

오동나무는 일 년 365일 꽃이 아니면 열매를 달고 있다. 꽃이 지면 바로 이듬해 필 꽃봉오리를 만들어 열 달 후에 꽃을 피운다. 열매가 익어갈 때 다음 꽃봉오리가 자라며 한 편에는 작년의 묵은 열매가 달려 있기도 하다. 그 역시 평생 그 많은 자식을 낳고 돌보는 어미의 모습과 다름이 없다는 생각이 든다.

벽오동

*Firmiana simplex* (L.) W. F. Wight

주로 공원에 식재되며 높이 15m까지 자라는 벽오동과의 갈잎나무. 벽오동은 줄기가 푸른 오동이라는 뜻이나 오동나무와는 계통이 다르다. 6~7월에 연한 노란색의 꽃이 커다란 원뿔모양꽃차례를 이루며 핀다.

개오동

*Catalpa ovata* G. Don

꽃과 잎이 오동나무와 비슷하며 15m까지 자라는 능소화과의 갈잎나무. 6~7월에 가지 끝에서 황백색의 꽃이 원뿔모양꽃차례에 모여 달린다. 열매는 9~10월에 길이 20~30cm로 국수가락 모양으로 늘어진다.

# 아카시아와 아까시나무

**아까시나무** *Robinia pseudoacacia* L.

과거에 녹화용으로 심었던 것이 널리 토착화된 콩과의 갈잎큰키나무.
4~9쌍의 작은잎으로 이루어진 깃꼴겹잎이며, 탁엽이 변한 가시가 있다.
5월에 새가지에서 1.5cm 정도의 꽃들이 총상꽃차례로 모여 달린다.

아카시아의 잎줄기에 작은잎이 열아홉 장까지 달리는 걸 어릴 적부터 알고 있었다. 친구들과 가위바위보를 해서 이긴 사람이 하나씩 따내는 놀이를 즐겼기 때문이다. 그리고 심심할 때 따먹던 아카시아 꽃의 달달하고 향긋한 맛도 추억으로 남아 있다. 그런데 아카시아의 바른 이름이 아까시나무라는 걸 알게 된 건 불과 몇 년 전의 일이다.

국어사전에서 '아카시아'를 찾아보면 아까시나무를 일상적으로 일컫는 말로 나온다. 아까시나무가 정확한 이름이지만 대다수의 사람들이 아카시아로 부르므로 그렇게 써도 무방하다는 함의가 있는 듯하다. 진짜 아카시아나무는 같은 콩과의 나무로 주로 남반구에 분포하며 호주의 국화(國花)이기도 하다. 호주 국가대표선수의 노란색 상의는 바로 이 아카시아나무의 노란색 꽃을 상징한다고 한다.

아까시나무의 종소명은 'pseudoacacia'인데, 굳이 우리말로 옮기자면 '개아카시아'쯤 된다. 개아카시아보다는 현재의 국명인 아까시나무가 뭔가 느낌이 오는 이름이다. 이 나무의 가시에 찔려 '앗! 가시!' 하며 놀라기도 하니 아까시나무라는 이름에 감칠맛이 있다.

오월 좋은 계절에 아까시 꽃이 흐드러지게 피면 그 달콤한 향기에 절로 취한다. 그 향기는 어쩌면 청년의 마음을 들뜨게 하는 아가씨의 향기일는지도 모른다. 1976년에 등장한 '아카시아'껌도 아가씨의 향기에 비유한 로고송으로 많은 사람들의 귀에 익숙해졌고 '여성만을 위한 껌'이란 타이틀로 지금까지도 롱런하고 있다.

아까시나무는 미국이 원산지이고 우리나라에는 1890년대에 사가키란 일본 사람이 중국 상해에서 묘목을 구입해서 인천 공원에 심은 것이 효시가 되었다고 한다. 척박한 땅에서도 잘 자라고 토양을 비옥하게 하며 생장과 번식력이 좋아서 광복 이후에는 본격적으로 심어져 황폐한 민둥산을 녹화시키는 일등공신이 되었다. 그리고 1972년에는 드디어 국민 동요 '과수원길'의 주인공으로 등장하게 된다. 동시 작가 박화목 선생이 가사를 쓰고 컨트리 송 가수였던 서수남이 처음 부른 노래다.

동구 밖 과수원길 아카시아꽃이 활짝 폈네
하이얀 꽃 이파리 눈송이처럼 날리네
향긋한 꽃냄새가 실바람 타고 솔솔
둘이서 말이 없네 얼굴 마주보며 생긋
아카시아꽃 하얗게 핀 먼 옛날의 과수원길

한때 아까시나무는 지나친 번식으로 사람들의 미움을 받기도 했다. 특히 조상의 무덤까지 뿌리를 뻗어 번식하는 괘씸죄는 도저히 용서받지 못할 일이었다. 그런데 언제부터인가 그렇게 골칫덩이였던 아까시나무가 주변에서 줄어들기 시작했다. 동네마다 아까시나무 퇴치에 힘쓰기도 했겠지만 전문가의 견해에 의하면 이 나무는 대개 이삼십 년이 지나면 성장이 둔화되어 자연도태가 된다고 한다.

아무튼 아까시나무는 우리에게 아름다운 추억을 남겨주었고 풍부한 밀원식물이 되었으며 무엇보다도 헐벗었던 산하를 단기간에 푸르게 만들어준 고마운 나무다. 지금은 토종식물과 평화협정이라도 맺은 듯 과도한 번식을 염려하지 않아도 될 듯해서 그 옛날 추억도 많은 '아카시아'를 바라보는 마음이 한결 편안하다.

# 때죽나무 꽃그늘 아래

**때죽나무** *Styrax japonicus* Siebold & Zucc.

중부 이남의 산지에서 5~10m 높이로 자라는 때죽나무과의 낙엽소교목.
5~6월에 새가지 끝에서 지름 2.5cm 정도의 꽃이 3~6개씩 모여 달린다.

> 꽃이 만개한 때죽나무 아래는 순결한 짐승이나 언어가 생기기 전, 태초의 남녀의 사랑의 보금자리처럼 향기롭고 은밀하고 폭신했다.
>
> … 중략 …
>
> 나는 그가 머뭇거리지 못하게 얼른 그의 손에서 길 잃은 피임기구를 빼앗아 내 등 뒤에 깔고 눈을 질끈 감아버렸다. 내가 눈을 떴을 때 내 눈높이로 기남이의 얼굴이 떠오르든 때죽나무 꽃 가장귀가 떠오르든 나는 후회하지 않을 것이다.

박완서의 단편 『거저나 마찬가지』에 나오는 한 대목이다. 주인공 영숙은 인생의 지극한 순간을 위해 때죽나무 밑을 봐 둔 듯하다. 그 열락의 시간에 수많은 꽃들이 눈처럼 나부끼며 감미로운 향기로 축복했으리라.

소설의 주인공은 사람이었으되 꽃쟁이인 나에게는 때죽나무가 주인공이고 그 꽃그늘 아래의 남녀는 소품에 불과한 걸로 여겨졌다. 나는 오월에 하얀 꽃이 흐드러지게 피는 이 나무를 표현할 언어를 찾지 못했으나, 박완서 작가는 그 아

래에 꿈같은 사건을 연출함으로써 때죽나무의 황홀한 개화를 영원히 잊을 수 없도록 각인시키고 있다. 이런 대목에서 한 시대를 풍미한 거장의 노작에 경탄하며 갈채를 보내지 않을 수 없다.

이 장면이 상상 속에 깊이 새겨진 후에는 때죽나무가 어쩌고 하는 소리는 사족(蛇足)이다. 굳이 한마디 보태자면, 물고기를 떼죽음에 이르게 한다는 이름의 유래설이다. 역시 항간에 꽤나 알려진 이야기로, 이 나무의 잎과 열매에 마취성분이 있기 때문에 찧어서 물에 풀면 고기들이 기절을 해서 떼죽음을 당한 듯이 물 위로 떠오른다는 이름이다. 때죽과 비슷한 꽃이 피는 쪽동백도 같은 성분이 있어서 물고기를 잡는 데 썼다고 한다.

때죽나무의 영어명 스노우벨(snowbell)도 상당히 운치 있는 이름이다. 이 이름에서 나무 전체가 눈을 뒤집어 쓴 듯 꽃 피웠다가 시들지 않은 순백색으로 함박눈처럼 나부끼며 떨어지는 모습이 쉽게 그려진다.

이제는 화사하게 핀 때죽나무를 보면 박완서와 영숙과 기남이 떠오를 것이다. 하얀 눈이 축복처럼 쏟아지는 낙화의 장면이 그려지는 서양의 이름이나, 유영하던 고기들이 정신을 잃는다는 이름 역시 남녀의 그 은밀한 시간에 완전하게 어울린다. 문학의 향기는 그렇게 이야기를 만들어 주고 이 땅의 꽃들을 더욱 살갑게 해 준다.

# 고욤 샤베트를 만드는 까닭

**고욤나무** *Diospyros lotus* L.

마을 주변이나 낮은 산에서 자라는 감나무과의 갈잎큰키나무. 높이 5~10m.
암수딴그루로 5~6월에 꽃이 피고 늦가을에 지름 1.5cm 정도의 열매가 익는다.

초등학교 실과 시간에 감나무는 고욤나무에 접을 붙여 키워야 한다고 배웠다. 감씨를 그냥 심으면 감이 열려도 아주 자잘한 땡감이 되기 때문이라고 했다. 접붙이기를 해서 좋은 감을 얻는 원리를 똑 부러지게 설명할 지식은 없지만 고욤나무의 강한 생명력이 어린 감나무를 빠르고 튼튼하게 키워낸다고 이해하고 있다.

어떤 학자는 고욤의 '고'는 작은 감을 의미하고 '욤'은 어미를 뜻한다고 풀이했다(한국식물생태보감 1, 김종원). 감나무의 대리모 구실을 하는 고욤나무 이름에 걸맞은 해석이기는 하나, 기록상의 근거를 제시하지 않은 걸 보면 그냥 주관적인 풀이 정도로 여겨진다. 어떤 꽃벗이 작고 발그스레한 고욤나무 꽃을 보고 '어머나 귀욤귀욤!' 하고 탄성을 질렀는데, 평생 나무를 연구한 학자의 이름풀이보다 그 한마디 감탄사가 더 마음에 닿았다.

고욤나무 꽃

고욤나무가 한반도에 들어온 시기는 최소한 천 년 전이라는 기록이 있고 길게는 삼천 년 전의 지층에서도 발견되었다는 자료가 있다. 원래 토박이 나무라고 주장하는 학자도 있을 정도로 역사가 깊은 나무다.

고욤나무가 마을과 가까운 산에서 주로 볼 수 있는 이유는 인간의 활동과 관계가 깊다. 반세기 전쯤 어렵던 시절에는 고욤 열매를 간식으로 즐겨 먹었다. 고욤은 씨앗을 빼고는 먹을 게 거의 없을 정도로 자잘하고 맛도 떨떠름했으나 서리 내릴 때쯤 열매를 단지에 넣고 겨울이 되면 샤베트(sherbet)가 되어 더 달콤해졌다. 옛날 사람들은 고욤 샤베트를 먹고 발라낸 씨앗을 집 주변과 밭두렁에 뿌렸다. 다시 감나무를 기를 때를 대비해서 적절한 곳에 씨앗을 뿌린 까닭에 시골의 오래된 감나무들이 대부분 집 주변에서 자리 잡게 된 것이다.

얼마 전에 산길을 가다가 열매가 풍성한 고욤나무를 우연히 발견하고는 이번 겨울에는 기필코 고욤 샤베트를 만들어 먹어야겠다고 단단히 벼르게 되었다. 동네마다 아이들이 바글바글했던 시절에 좀처럼 내 차례가 돌아오지 않아 단 한 번밖에 먹어보지 못했던 아쉬움이 잠재적인 욕구로 저장된 듯하다.

황혼이 짙은 어른들에게 고욤 샤베트 만드는 방법을 물었더니 이구동성으로 요즘 세상에 맛난 것들이 천지인데 그걸 왜 먹느냐며 손사래를 치며 만류한다. 나 역시 그 맛을 기대하기보다는 어린 시절의 달콤한 추억을 맛보고 싶을 뿐이다.

# 가죽나무와 참죽나무

**가죽나무** *Ailanthus altissima* (Mill.) Swingle

마을 주변이나 산언저리에서 25m 높이까지 자라는 소태나무과의 갈잎큰키나무.
암수딴그루로 5~6월에 가지 끝에서 나온 원뿔모양꽃차례에 연노란색 꽃이 핀다.

가죽나무와 참죽나무는 구별이 쉽지 않을 정도로 닮았다. 전체 모습과 잎 모양이 많이 닮았고 꽃차례와 개화 시기도 비슷하다. 돌림자를 쓰는 두 나무의 이름을 보아도 형제뻘 나무처럼 생각하기 쉽다. 그런데 가죽나무는 소태나무과고 참죽나무는 멀구슬나무과여서 가문이 전혀 다르다.

가죽나무 잎 밑부분의 선점

한걸음 다가서면 가죽나무는 수피가 잔잔하고 참죽나무의 껍질은 세로로 거칠게 갈라지는 차이가 보인다. 가죽나무의 꽃은 연한 노란색이고 참죽나무 꽃은 전체적으로 흰색에 녹색이 돈다. 이들 나무에서 가장 많이 닮았으면서도 분명한 차이를 찾아내야 할 곳은 바로 잎이다. 가죽나무의 잎 하단에 있는 쥐젖꼭지 같은 선점에서 특유의 거북한 냄새를 내기 때문이다.

생김새가 아주 비슷해도 분류계통이 다를 수 있지만 이 두 나무는 이름까지 복잡하게 얽혀 있다. 참죽나무는 봄에 새순으로 나물을 무치거나 튀겨먹기도 하고 장아찌를 담그는데, 영호남 일대에서는 이를 가죽나물, 가죽장아찌라고 하면서 참죽나무를 가죽나무라고 부른다. 그러다 보니 이 지역에서는 가죽나무를 참죽나무와 차별해서 개가죽나무라고 부른다.

참죽나무는 옛날에 절에서 나물과 튀김을 해먹어서 참중나무라고도 불렀고, 이를 차자(借字)해서 진승목(眞僧木)으로도 썼다. 그에 비해서 잎을 먹지 못하는 가죽나무는 가짜 중, 가중이었다가 가죽이 되었을 수도 있을 법하다. 그런데 가죽나무의 두툼하고 부드러운 잎은 가죽을 만지는 느낌이어서 가죽 같은 잎의 나무라는 생각도 든다.

가죽나무와 참죽나무는 모두 눈에 잘 띄지 않는 자잘한 꽃들을 피운다. 그런데 두 나무의 열매는 각자 다른 모습으로 풍성하고 아름답다. 가죽나무의 열매는 납작한 콩깍지 모양인데 처음에는 노란색이었다가 주황색, 붉은색으로 짙어지며 제법 화려하다. 겨울에는 아주 밝고 연한 갈색으로 옅어져서 멀리서도 가죽나무임을 알 수 있다. 참죽나무의 열매는 처음에는 녹색을 띤 자잘한 대추 모양인데 가을에 익을 때는 도토리만큼 굵어지며 껍질이 꽃모양으로 벌어져서 목각으로 만든 꽃처럼 보인다.

가죽나무 열매

가죽나무는 동네 주변이나 산 가장자리에서 흔히 자라지만 별로 쓸모가 없고 참죽나무는 향기가 좋은 나물을 얻으려고 예로부터 심어 기르는 나무가 많았다. 가죽나무는 성장이 빨라서 재질이 약한 반면에 참죽은 야무지게 자라서 좋은 목재가 된다.

가죽나무와 참죽나무는 멀리서는 비슷하고 다가서면 크게 다르다. 가죽나무에서는 어쩐지 구리고 거북한 냄새가 나고 참죽나무에서는 좋은 향기가 난다. 우리 사는 세상에서도 모습은 비슷해도 향기는 다른 사람을 만나기도 한다.

**소태나무**

*Picrasma quassioides* (D. Don) Benn.

전국의 산지에서 10~15m 높이로 자라는 소태나무과의 갈잎큰키나무. 깃꼴겹잎으로 작은 잎은 9~13개이고 잎 끝이 꼬리처럼 뾰족하다. 5~6월에 새가지의 잎겨드랑이에 녹황색의 자잘한 꽃들이 모여 달린다. 수피, 가지, 잎 등에서 매우 쓴맛이 난다.

잎과 수피

꽃차례

열매

**참죽나무**

*Cedrela sinensis* Juss.

민가 주변에 심어 기르는 멀구슬나무과의 갈잎큰키나무로 20m 정도로 자란다.
암수한그루로 6월에 밥알 모양의 흰색 꽃이 원뿔모양꽃차례로 달린다.

# 집 둘레에 심는 음나무

**음나무** *Kalopanax septemlobus* (Thunb.) Koidz.

전국의 산지에서 25m 높이까지 자라는 두릅나무과의 갈잎큰키나무. 수꽃양성화한그루로 7~8월에 편평한 모양의 취산꽃차례로 꽃이 피며, 가운데 꽃차례에는 양성화, 주변의 꽃차례에는 수꽃이 핀다.

도시에 살 때는 해마다 음나무 새순이 나오기를 기다렸다. 고향에 계신 부모님이 순을 따서 택배로 부쳐주셨기 때문이다. 고향 동네에서는 거의 모든 집에서 여남은 그루씩 음나무를 심어 기르고 있다. 음나무는 아름드리로 자라는 큰키나무지만 집 주변에서 키우는 나무는 키 높이 정도가 대부분이다. 새순을 채취하기 쉽도록 해마다 웃자라는 가지를 잘라주기 때문이다.

어느 봄날 친구들이 고향 부근에 놀러 왔을 때 마침 음나무 순이 좋게 자라서 내 어림으로는 먹고 남아서 가져 갈 정도로 충분히 따갔다. 친구들은 어시장에서 사온 싱싱한 회, 대게, 가리비, 해삼 등 온갖 맛난 것들을 제쳐두고 음나무 순 데친 것부터 순식간에 끝장을 보았다.

그 맛은 어떤 형용사로도 표현해 낼 재주가 없다. 약간 쌉쌀한 맛도 있으면서 구수한 듯 신선한 향기가 있고 씹는 맛이 부드럽다. 지방에 따라 개두릅이라고도 부르는데 음나무에게는 아주 억울한 별명이다. 두릅보다 향기가 진하며 순이 길고 식감이 좋아서 더 귀하게 쳐주기 때문이다.

음나무를 집 주변에 심는 까닭이 한 가지 더 있다. 이 나무의 가시가 드세서 집 안에 잡귀가 들어서지 못한다는 믿음 때문이다. 어느 마을을 지나다가 음나무를 멋지게 가꾸어 대문을 삼은 집을 보았다. 음나무 두 그루가 문설주가 되고 서로를 향해 뻗은 줄기가 닿아서 아치를 이루고 있었다. 그때가 마침 7월이어서 백록색의 꽃이 핀 모습이 더욱 보기 좋았다.

나의 고향집 앞에도 20년이 넘은 음나무 두 그루가 보초를 서고 있는데, 해마다 순을 따먹고 가지만 칠 줄 알았지 아치 모양으로 가꿀 생각은 미처 하지 못했다. 늦었지만 우리 집도 한 오 년 그렇게 가꾸면 충분히 좋은 모양이 될 것이라고 가족들과 의견 일치를 보았다.

음나무는 많은 사람들이 엄나무로 부르고 있고 북한명도 엄나무다. 엄나무는 경기도 방언에 새싹을 '엄'이라고도 하는 데서 유래한 걸로 보인다. 1937년에 발간된 『조선식물향명집』에서도 엄나무로 나오던 것이 1943년에 발간된 『조선삼림식물도설』에 '음나무'로 바뀐 이래 국가표준식물명으로 쓰고 있다. 추천명은 '음나무'이더라도 나는 무서운 가시가 연상되는 엄할 嚴자의 엄나무에 익숙하다.

음나무 꽃

### 두릅나무

*Aralia elata* (Miq.) Seem.

전국의 산지나 개활지에서 떨기나무로 자라며 환경에 따라 10m까지 자라기도 한다. 수꽃양성화한그루로 7~8월에 꽃차례의 위쪽에 양성화가, 아래쪽에 수꽃이 달린다. 새순을 나물로 식용하며, 음나무의 순은 개두릅, 두릅나무 순은 참두릅으로 부른다.

# 전설의 꽃나무 자귀나무

**자귀나무** *Albizia julibrissin* Durazz.

중부 이남의 양지바른 지대에서 4~10m 높이로 자라는 콩과의 갈잎나무. 7~12쌍의 깃꼴겹잎이 한 뼘 남짓한 길이로 달린 2회깃꼴겹잎이다. 수꽃양성화한그루로 6~7월에 정상부에 위치한 1~2개의 양성화 주위에 수꽃이 둘러싸서 꽃차례가 부채꼴을 이루며, 수술은 25개 정도다.

옛날 어느 마을에 부지런하고 건장한 청년이 살고 있었다. 이웃 동네에 갔다가 어느 집 담장 너머로 늘어진 가지에 핀 아름다운 꽃을 넋 놓고 바라보고 있는데 그 집 대문이 살며시 열리며 어여쁜 처녀가 나타났다. 첫눈에 반한 청년은 그 꽃 한 송이를 꺾어 청혼을 했고 부부가 되어 금슬 좋게 잘 살았다. 그런데 세월이 흐른 어느 날 장을 보러 갔다가 그만 술집 여인에게 빠져버렸다. 슬픔에 빠진 아내는 첫 만남을 생각하며 친정 집 앞에 핀 꽃을 꺾어 방안에 꽂아 두었다. 어느 날 밤늦게 돌아온 남편이 그 꽃을 보고 옛 사랑이 되살아나 백년해로를 했다고 한다.

자귀나무에 관한 여러 전설 중의 하나다. 전설은 말 그대로 전해 내려오는 이야기다. 대체로 허무맹랑한 스토리지만 그 속에는 옛사람들의 소망과 공감이 녹아들어서 어떤 장소나 사물 또는 역사적 사건에 대해 과장되기도 하고 드라마틱해지기도 한다.

옛사람들은 낮에 펼쳐졌던 잎이 밤에는 마주보며 합쳐

지는 자귀나무의 잎에서 낮에는 들에서 열심히 일하고 밤에는 서로 합하는 금슬 좋은 부부의 이상형을 본 듯하다. 그래서 부부의 변함없는 금슬을 기원하며 이 나무를 집 안에 많이 심었다고 한다. 자귀나무의 옛날 이름 합환목(合歡木), 야합수(夜合樹), 유정수(有情樹), 합혼목(合婚木) 등은 모두 좋은 부부 관계를 나타내는 이름이다.

이런 이름들과 전설은 대체로 밤에 잎이 마주보고 접히는 모습에서 유래했을 터이다. 게다가 자귀나무의 꽃 역시 그러한 이름에 어울려서 아름답고 섬세하며 오래도록 피고 진다. 화사하게 핀 자귀나무의 꽃을 보면 옛사람이 소망한 부귀영화가 눈앞에 펼쳐진 듯하고 수많은 무희들이 부채춤을 추며 복된 삶을 축원하는 향연을 보는 듯도 하다.

자귀나무에 얽힌 많은 전설에는 역설적으로 부부관계의 어려움이 담겨 있기도 하다. 예나 지금이나 부부관계는 시들해지거나 상처받기 쉬운 것이어서 자귀나무가 좋은 부부 금슬을 오래도록 지켜주는 부적이 되어 주기를 소망한 건 아닐까.

자귀나무 꽃

왕자귀나무

*Albizia kalkora* Prain

전남 목포, 울산 등지의 바다 가까운 산지에서 3~8m 높이로 자란다. 길이 20~45cm의 2회깃꼴겹잎으로 작은잎이 자귀나무보다 훨씬 넓다. 6~7월에 흰 꽃이 피며, 수술이 30~40개로 자귀나무에 비해 꽃이 크다.

# 04 드문드문 보는 큰키나무

오 리마다 나온다는 오리나무, 벌벌 떠는 사시나무,
단단한 나무로 이름 높은 박달나무와 물푸레나무,
쌀밥 같은 이팝나무, 달빛 아래 빛나는 야광나무,
단풍 화려한 복자기나무처럼 어쩌다 만나는 나무는
오랜만에 먼 곳에 사는 친구를 찾은 듯 반갑다.
흔치 않은 나무들은 대체로 저마다의 특별한 모습과
여느 나무에서 찾을 수 없는 요긴한 쓰임새가 있다.
그러한 나무들은 종의 다양성과 숲의 풍요를 더하고
산을 찾는 이들에게는 아기자기한 재미를 준다.

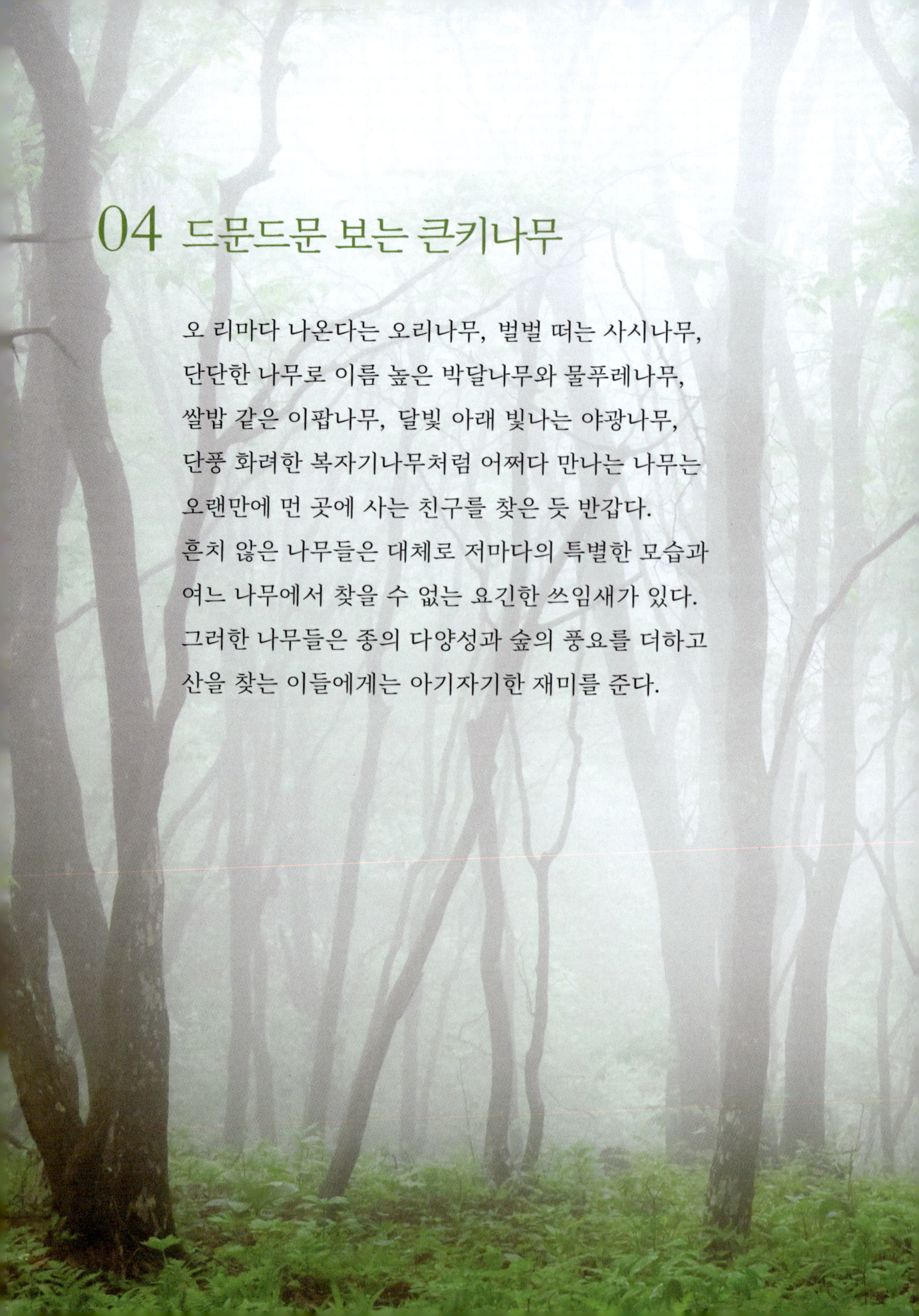

보현산의 큰키나무 숲

# 쪽동백

그믐 밤하늘 별만큼이나
백 년을 피고도 남을 꽃이
화르르
화르르
일시에 피더니

이국 설산
눈사태 나듯
쪽동백 꽃
무너져 내린다

이별 없는 꽃
어디 있으랴
그래 꽃답다
하얀 동백

**쪽동백나무** *Styrax obassia* Siebold & Zucc.

낮은 산지에서 10~15m 정도 자라는 때죽나무과의 갈잎큰키나무.
5~6월에 새가지에서 나온 긴 꽃차례에 지름 3cm 정도의 꽃이 핀다.
때죽나무에 비해 잎이 훨씬 크고 넓으며, 꽃이 많이 달린다.

# 오 리마다 만난다는 오리나무

**오리나무** *Alnus japonica* (Thunb.) Steud.

산지 습한 곳에서 드물게 자생하며, 20m까지 자라는 자작나무과의 갈잎큰키나무. 잎은 끝이 뾰족한 달걀 모양으로 가장자리에 잔 톱니가 있고 잎자루는 1.5~4cm다. 암수한그루로 2~3월에 수꽃차례는 4~7cm쯤 늘어지고 암꽃차례는 위를 향해 핀다.

오리나무 꽃 ©박승천

두메산골이 고향인 나는 산 넘어 옆 마을에 있는 초등학교에 다녔다. 반세기가 훨씬 지나 추억을 더듬어 찾은 학교 가던 오솔길은 사라지고 그만큼 나이를 먹은 나무들이 숲을 이루고 있었다. 나지막한 고개를 넘으면서 물오리나무 몇 그루를 만났다. 동네에서 학교 가던 길이 정확히 오 리(五里)였기 때문에 그 물오리나무들이 오리나무였으면 그럴싸한 이야기가 될 뻔했다.

오리나무는 잎이 길쭉하고 끝이 뾰족하며 가장자리에 자잘한 톱니가 있고, 물오리나무는 잎 모양이 둥글고 가장자리가 큰 물결 모양이어서 쉽게 알아볼 수 있다. 잎이 없을 때는 오리나무의 세로로 갈라지는 나무껍질과 물오리나무의 잔잔한 가로줄무늬가 있는 수피로도 쉽게 구분된다.

오리나무는 옛날에 오 리마다 이 나무를 심어 이정표로 삼았다는 유래설이 있다. 그런데 우리나라 옛길 어디에도 오 리마다 이 나무가 심어진 곳이 없고 문헌상의 근거도 없다. 게다가 습한 땅을 좋아하는 이 나무를 무조건 오 리마다 심었다는 이야기도 가당치 않다. 대강 오 리쯤 가다가 한 번씩 나타나는 나무라서 오리나무가 되었다는 설도 있으나 오리나무는 백 리마다 한 번 볼까 말까할 정도로 귀한 나무다. 더러는 흔히 볼 수 있는 지방도 있으나 차를 타고 두어 시간을 가도 오리나무를 볼 수 없는 지역도 있다. 전국적으로 골고루 분포하며 대충 오 리마다 만날 수 있는 나무는 물오리나무다.

더욱이 이름부터 헷갈리는 건 오리나무가 물가나 습지를 좋아하고 물오리나무는 오히려 건조한 땅에서 흔히 자라기 때문이다. 부질없는 생각일는지는 몰라도 오리나무와 물오리나무 이름을 서로 바꾸면 그 혼란이 깔끔하게 정리된

왼쪽부터 오리나무, 물오리나무, 사방오리의 잎

다. 이를테면 물오리나무를 오리나무로 바꾸면 그야말로 오 리마다 나타나는 나무라서 그럴싸하고, 오리나무를 물오리나무로 바꾸면 습지나 물가에서 찾아 볼 수 있으니 어울리는 이름이 아니겠는가.

오리나무 이름의 유래에 대하여 오리무중(五里霧中)을 헤매던 차에 눈을 번쩍 뜨게 한 자료를 만났다. 평소 교류가 있는 동호회원이 2021년에 출판한 『우리나무 비교도감』(박승천)이란 책에서였다. 오리나무는 꽃이 아주 이르게 핀다는 의미로 '올이나무'가 변음이 된 이름이라는 견해였다. 기왕의 어느 문헌이나 자료에도 등장하지 않은 독창적인 유래설로 생각되지만, 나는 왠지 이 상큼한 주장에 무척 공감을 한다. '올'은 '보통보다 이르게'의 뜻을 더하는 접두사로 흔히 쓰이므로 2월 하순에 다른 나무들보다 한참 앞서 꽃차례를 내는 이 나무에게 썩 어울리는 이름풀이로 여겨졌기 때문이다.

오리나무 종류 중에서 그럴듯한 이름을 얻은 건 사방오리다. 이 나무는 척박한 땅에서도 잘 자라는 까닭에 1940년대에 도입되어 산사태 방지에 기여한 공으로 '사방오리'라는 훈장 같은 이름을 얻었다. 다만 추위에는 약해서 주로 남부지방의 산에서 흔히 만날 수 있다.

### 물오리나무

*Alnus sibirica* Fisch. ex Turcz.

전국의 산지에서 높이 20m, 지름 60cm 정도까지 자라는 갈잎나무. 잎이 전체적으로 둥글고 손바닥 모양으로 얕게 갈라지며 톱니가 있다. 3~4월에 수꽃차례는 이삭처럼 길게 늘어지고 암꽃차례는 팥알 모양이다.

### 사방오리

*Alnus firma* Siebold & Zucc.

건조한 산지에서 15m 정도까지 자라며 잎은 끝이 뾰족한 달걀 모양에 규칙적인 톱니가 있다. 암수한그루로 3~4월에 수꽃차례는 길이 4~6cm로 늘어지고 암꽃차례는 위를 향해 달린다. 내한성이 약해서 경북, 전북 이남의 산지에 사방용으로 심었던 것이 널리 야화되었다.

# 단단한 나무의 대명사 박달나무

**박달나무** *Betula schmidtii* Regel

지리산 이북의 산지에서 5~10m 높이로 자라는 자작나무과의 소교목.
수피가 매끈하며 가로 방향의 피목이 있으나 성장하면서 여러 겹으로 벗겨진다.
4~5월에 수꽃차례는 긴가지에서 늘어지고 암꽃차례는 짧은가지에서 위로 핀다.

1996년 10월 어느 날 박 아무개 씨가 시장에서 박달나무 몽둥이를 샀다. 그 몽둥이에 '정의봉'이라고 쓰고는 여든 살의 한 노인을 찾아가 몽둥이질을 했다. 노인은 파란만장한 삶을 마감했고 가해자는 의인으로 칭송 받았다. 재판부는 '박 씨의 범행은 주관적으로는 정당하나 법질서의 관점에서는 용인될 수 없다'는 요지로 징역 3년을 선고했다. 민족지도자 김구 선생의 암살범은 당시 정권의 수상한 비호 아래 한때는 호의호식하며 살다가 끝내 박달나무 몽둥이로 단죄되었고, 그 몽둥이는 용산의 식민지역사박물관에 전시되고 있다.

옛날에는 치안을 담당하던 포졸들의 육모방망이가 박달나무였다. 재질이 단단해서 예나 지금이나 박달나무는 사람에게 고통을 주는 악역을 맡아왔다. 그래도 박달나무는 밀가루 반죽을 눌러 펴던 홍두깨와 빨래를 다듬질하던 방망이

박달나무 수피

같은 중요한 생활도구로 오랜 세월 우리 조상들과 함께했다. 어쨌거나 누르고 두들기는 역할을 맡았으니 고약하고도 드센 팔자임에는 틀림이 없다.

박달나무의 한자 이름은 단(檀)이다. '단단하다'라는 형용사도 박달나무 '단' 자와 관련이 있는지 모른다. 박달나무는 우리나라 나무 중에 가장 단단해서 그 비중이 소나무의 두 배인 0.95라고 한다. 비중이 1이 넘으면 물속으로 가라앉는데 국내에는 자라지 않는 흑단(黑檀)이 그러하다. 흑단은 박달나무가 속한 자작나무과가 아닌 감나무과지만 단단해서 '檀'자를 빌려 쓴 듯하다.

건국신화에 나오는 단군(檀君)이나 신단수(神檀樹)에도 박달나무 '檀'자가 들어간다. 그러다 보니 신단수는 박달나무였고, 배달민족도 박달나무에서 유래했다는 설도 있다. 즉 박달은 원래 '밝다'에서 유래한 이름이고 그것이 '배달'이 되었다는 이야기다. 나아가 흰 옷을 좋아하는 문화적 전통도 그 밝음과 관련이 있다고 한다. 항간에는 그렇게 신화를 현실로 증명하려는 주장과, 신화는 어디까지나 신화일 뿐이라는 주장이 오랫동안 평행선을 달리고 있고 앞으로도 그러할 것 같다.

신화는 너무 아득한 이야기여서 그것이 박달나무든 아니든 아쉬움이 없다. 정작 그리운 것은 그 옛날 집집마다 정겹게 들리던 방망이 소리나 할머니가 박달나무 홍두깨로 빚어낸 구수한 손칼국수 맛이다.

### 물박달나무 *Betula davurica* Pall.

남부 일부 지역을 제외한 산지에서 15m 높이까지 자라는 갈잎큰키나무. 수피가 타일 모양으로 거칠게 벗겨지며 잎은 끝이 뾰족한 넓은 타원형이다. 4~5월에 수꽃차례는 긴가지에서 늘어지고 암꽃차례는 짧은가지에서 위로 핀다.

### 까치박달

*Carpinus cordata* Blume

전국의 산지에 드문드문 분포하며 높이 18m 정도까지 자라는 갈잎나무. 암수한그루로 4~5월에 꽃이 피고 6월에 원기둥 모양의 과수가 형성된다. 자작나무속(Betula)인 박달나무와 달리 서어나무속(Carpinus)으로 분류되며, '까치'는 박달나무에 버금갈 만큼 단단하다는 의미로 여겨진다.

# 많은 물을 길어 올리는 거제수나무

**거제수나무** *Betula costata* Trautv.

지리산 이북의 높은 산지에서 30m 높이까지 자라는 자작나무과의 갈잎나무. 암수한그루로 5~6월에 긴가지 끝에 수꽃차례, 짧은가지에 암꽃차례가 달린다.

거제수나무는 박달나무, 사스래나무와 함께 자작나무의 형제뻘쯤 되는 나무다. 자작나무가 자생하지 않는 남한 지역에서는 자작나무와 가장 닮은 토박이인 셈이다. 이름만으로는 거제도에서 나는 나무인가 싶지만 대체로 중부 이북의 높은 산에서 자란다. 그런데 무슨 연유로 거제수라는 거창한 이름을 갖게 되었을까?

거제수(巨濟水)는 클 거, 도울 제, 물 수를 쓰므로 거제수나무는 '크게 도움이 되는 물이 나오는 나무'로 풀이할 수 있다. 즉 거제수는 수액(樹液)을 일컫는데, 고로쇠나무처럼 밑동에 구멍을 뚫어서 채취하기도 하지만 가지를 아래쪽으로 휜 다음 끝을 잘라서 받아내기도 한다. 거제수의 다른 이름 물자작나무는 물이 많이 나오는 자작나무라는 의미로 여겨진다.

거제수나무는 거창한 이름에 걸맞게 활엽수 중에서는 가장 키가 큰 편이다.

그러므로 새잎을 내는 봄에 이 높은 나무의 가지가지마다 물을 공급하려면 실로 엄청난 양의 물을 길어 올려야 할 것이다. 가지 끝에서 채취하는 방법이 있다고는 해도 이 거대한 나무의 높은 가지를 끌어내리는 건 어려울 듯하고, 고로쇠나무처럼 밑동에 구멍을 뚫어 호스로 수액을 뽑아내는 건 아무래도 몹쓸 짓이라는 생각에 그 약효에 대해서 관심을 가진 적이 없었다.

다만 나무 이름이 크게 도움이 되는 물이라 하니 옛사람들은 어디에 도움이 된다고 믿었는지 찾아보았다. 자료에는 4월 20일 경인 곡우 전후에 채취하는 거제수나무의 수액은 미네랄을 비롯한 무기물이 풍부해서 위장병, 신경통, 관절염에 좋다고 하며, 곡우에 먹는 물이라고 해서 곡우물이라고도 한다고 나와 있었다. 그리고 3월 초의 경칩(驚蟄) 무렵에 나오는 고로쇠 물은 남자에게 좋고, 곡우(穀雨) 때에 나오는 거제수는 여자에게 더 좋다는 속설도 덧붙여 있었다.

거제수나무는 이름도 수형도 거창하거니와 대단한 것이 또 한 가지 있다. 거제수나무가 자라는 숲에서는 황토색이 나는 넓적한 종이 같은 걸 흔히 볼 수 있다. 그것은 바로 거제수나무의 수피(樹皮)다. 자작나무속의 나무들은 추운 지방에서 자라서 그런지 얇은 껍질을 겹겹이 두르고 있다. 그중에서 거제수나무의 수피가 가장 넓게 벗겨져서 편지지 만한 크기는 쉽게 찾을 수 있다. 종이처럼 얇고 색깔과 무늬가 고와서 그걸로 연서라도 쓴다면 제격이지 싶다.

# 미안하다 고로쇠나무야

**고로쇠나무** *Acer pictum* var. *mono* (Maxim.) Maxim. ex. Franch.

전국의 산지에서 20m 높이까지 자라는 단풍나무과의 갈잎큰키나무.
잎은 마주나며 얕게 5갈래로 갈라지나 예외적으로 7~9갈래도 있다.
수꽃양성화한그루로 4~5월에 수꽃과 양성화가 섞여서 핀다.

고로쇠나무는 대면하기도 전에 이런저런 소문으로 그 이름을 먼저 들었다. 이 나무의 수액이 위장에 좋고 피로 회복과 혈당 조절 등의 효과가 있다는 이야기였다. 이른봄에 산행을 하다가 아직 잎이 나지 않은 숲에 거미줄처럼 연결된 비닐호스들을 보고 말로만 들어오던 고로쇠 수액을 채취하는 현장이라는 걸 직감

했다. 나무마다 손가락 굵기의 튜브가 꽂혀 있고 이 튜브들이 서로 연결되면서 점점 굵은 호스로 모여져 가장 아래쪽에는 큰 물 탱크가 자리 잡고 있었다.

그러한 모습은 나무를 목재나 땔감으로 쓰려고 베는 것보다 더 잔인하게 느껴졌다. 웅담이 좋다고 곰의 쓸개에 빨대를 꽂아 빨아먹는 야만적 행위와 크게 다르지 않다. 수액은 땅의 수분을 끌어올려 새잎을 키우는 나무의 피요 젖이 아닌가.

고로쇠나무를 제대로 알아보게 된 것은 잎이 펼쳐진 봄이었다. 고로쇠나무는 단풍나무와 같은 속이어서 잎 역시 단풍잎 모양을 하고 있는데, 다섯 갈래로 갈라진 잎의 끝이 갑자기 좁아져서 개구리 발과 닮았다는 생각도 든다. 단풍나무속의 속명 'Acer'는 라틴어로 잎이 손바닥 모양으로 갈라진다는 뜻이다. 단풍나무붙이들은 잎의 갈래 수를 보고 그 이름을 불러줄 수가 있는데 이를테면, 세 갈래는 신나무, 다섯 갈래는 고로쇠, 일곱 갈래는 단풍, 아홉 갈래는 당단풍이고 울릉도의 섬단풍은 열한 갈래로 갈라지며, 어느 나무나 더 적게 또는 많이 갈라지는 예외는 있다. 이들은 대부분 가을에 붉은색으로 단풍이 드는 데 비해 고로쇠만 노란색으로 물든다.

고로쇠라는 이름의 유래는 알 수가 없으나 요즘 이 나무가 겪는 수난을 보면 이름을 잘못 지은 탓인지 상당히 고달프고 괴롭게 사는 팔자를 타고난 듯하다. 더욱 딱한 것은 이 나무의 수액이 몸에 어떠한 작용을 한다는 과학적인 연구 결과나 임상 결과도 없다는 점이다. 짐작건대 이 나무는 봄에 많은 수액을 끌어올리고 맛이 신선하고 달달하니 몸에 좋지 않겠는가 하는 막연한 기대에다 돈을 벌려는 욕심이 더해진 현상이 아닐까 싶다. 생명 존중 의식이 좀 더 성숙한 사회가 돼서 고로쇠의 수난도 어서 끝나기를 바란다. 고로쇠야 정말 미안하다.

단풍나무속 잎 비교.
위로부터 신나무,
고로쇠나무, 단풍나무,
당단풍나무, 섬단풍나무.

# 흰 젖이 나온다는 전나무

**전나무** *Abies holophylla* Maxim.

깊은 산지에서 30m 높이까지 자라는 소나무과의 늘푸른 바늘잎나무. 잎끝이 오목하게 파인 같은 속의 구상나무, 분비나무에 비해 뾰족하다. 암수한그루로 4~5월에 수분하며 열매는 길이 6~12cm의 원통형이다.

전나무는 높고 깊은 산지에서 드물게 자라는 나무다. 만주나 시베리아지역에서는 대규모 삼림을 이루지만 한반도 남쪽으로 내려올수록 보기가 어렵다. 그런데 남부지방에서도 오래된 절에 가면 장대한 전나무의 거목들을 만날 수 있다. 이를테면 변산반도의 내소사 전나무 숲길이나 청도 운문사의 전나무 숲 같은 곳이다.

중부지방에서도 전나무를 쉽게 볼 수는 없고 역시 역사가 오랜 절에 가면 만날 수 있다. 속리산 법주사 천왕문 앞 양쪽에 자리 잡은 전나무와 오대산 월정사의 전나무 숲길이 유명하고, 광릉수목원 가는 길가의 노거수들이 볼 만하다. 그렇다면 사찰 주변에서 전나무들을 많이 만날 수 있는 까닭이 궁금하지 않을 수가 없다.

평생 나무를 연구해온 어떤 학자는 사찰에서 건물을 보수하거나 증축할 때 쓰려고 전나무를 심었기 때문에 절 주변에서 전나무를 많이 볼 수 있다고 했다. 곧고 높게 자라는 전나무의 특성으로 미루어 보면 일리 있는 말이기는 해도 재질은 단단하지 못해서 과연 건축재로 쓰려고 가꾸었는지는 의문이다. 거목으로 성장한 전나무는 목재로서의 효용보다는 수행도량의 경

지리산을 바라보는 경남 함양 금대암의 전나무

건한 분위기를 조성하는 역할이 훨씬 돋보인다.

우리나라에서 가장 오래되었다고 알려진 전나무 역시 경남 함양의 금대산에 있는 암자 앞에 있다. 500년이 족히 넘었다고 하는 이 나무는 그 연륜도 연륜이거니와 지리산을 가장 아름답게 바라볼 수 있는 최고의 전망점에 자리 잡고 있어서 더욱 유명해졌다. 모르기는 해도 이곳을 찾는 사람들은 유서 깊은 사찰보다는 이 장대한 전나무와 그 뒤로 펼쳐지는 지리산의 풍광에 더 매료되는 듯하였다.

전나무는 옛 문헌에서 대부분 젓나무로 표기가 되어 있다. 전나무의 겨울눈이나 열매에서 젖과 같은 수지가 많이 나와서 예전에는 젖나무나 젓나무로 부르다가 근래에는 소리 나는 대로 전나무로 표기하는 것이 보편화된 듯하다. 국어사전에는 '젖'을 포유류가 새끼를 먹이는 흰 유액 또는 식물의 줄기나 잎에서 나오는 희고 끈끈한 액체로 풀이하고 있다. 그러므로 전나무의 어원이 되었다고 여겨지는 '젖'은 동물의 젖에서 차용했다기보다는 전나무 고유의 젖일 수도 있겠다.

# 빛 좋은 개살구에 속다

**개살구나무** *Prunus mandshurica* (Maxim.) Koehne

전국의 산지에 드물게 분포하며 15m 높이까지 자라는 장미과의 갈잎큰키나무.
4월에 잎이 나기 전 지름 2cm 정도의 꽃이 피고 꽃잎과 수술의 길이가 같다.
살구나무보다 꽃자루가 길고, 같은 속의 나무들 중에서 가장 먼저 개화한다.

봄이 무르익어 갈 무렵 동네 가까운 계곡에서 처음 보는 꽃나무를 만났다. 두 길 남짓한 높이에 빨간 꽃이 피어 있었는데 꽃술이 꽃잎보다 길었다. 휴대폰으로 사진을 찍어 지인들에게 보내서 이름을 물어보아도 한동안 답을 주는 이가 없었다. 혹시 새로운 종이라도 발견한 걸까 하는 설렘으로 며칠을 보내던 중 한 고수로부터 실망스런 답을 받았다.

그건 개살구나무의 꽃잎이 떨어지고 꽃받침과 꽃술만 남은 거라는 답변이었다. '빛 좋은 개살구'라더니 열매가 아니라 꽃받침에게서부터 속은 것이다. 느낌은 이른봄에 피는 홍매화와 비슷했는데 그 빨간 꽃받침만으로도 내로라하는 꽃들의 반열에 들어갈 만큼 예뻤다.

꽃잎이 떨어진 개살구나무 꽃

꽃이 아니어서 아쉬웠지만 그래도 개살구나무를 만난 건 행운이었다. 개살구나무는 전국의 산지에 분포하지만 그리 흔치 않은 나무기 때문이다. 이듬해 개화에 맞추어 제대로 꽃을 보니 연분홍빛이 감도는 하얀 꽃잎에 빨간 꽃받침이 선명했다. 기생처럼 요염한 그 모습 역시 '빛 좋은 개살구'의 전주곡 같은 인상을 주었다.

겉모양은 그럴 듯하게 좋으나 실속이 없는 경우를 '빛 좋은 개살구'라고 한다. 이는 열매가 먹음직하게 생겼지만 떫어서 먹지 못하는 개살구를 빗대어 하는 말이다. 곰곰 생각해보니 빛 좋은 열매거나 꽃받침이거나 그것이 사람을 속이는 건 아니었다. 자연이 사람을 속일 리야 있겠는가. 사람의 기대치, 즉 스스로의 욕심에 자신이 속는 것이다. 사람이 사람을 속이기는 하지만 한 번 더 생각해보면 그 역시 상대방의 과한 욕심을 이용하는 것이다.

열매가 익기를 기다려 그야말로 '빛 좋은 개살구'의 맛을 체험했다. 개살구의 때깔은 살구와 다름없이 먹음직했으나 맛은 시고 떫었다. 어쩌면 입에 살살 녹는 살구 맛을 기대했기 때문에 더욱 떨떠름하게 느껴졌을지도 모른다. '개살구도 맛 들일 탓'이라는 속담이 있다. 시고 떫은 개살구도 자꾸 먹어 버릇하여 맛을 들이면 그 맛을 좋아하게 된다는 뜻으로, 처음에 나빠 보이던 것도 정을 붙이면 점차 좋아짐을 비유적으로 이르는 말이다. 돌이켜보니 개살구라도 어쩔 수 없이 맛을 들여가며 정 붙이고 살아야 했던 형편도 있었던 듯하다.

# 이른 봄소식을 전하는 귀룽나무

**귀룽나무** *Prunus padus* L.

중부 이북의 계곡 주변에서 15m 정도 높이로 자라는 장미과의 갈잎큰키나무.
4~6월에 새가지 끝에서 나온 총상꽃차례에 지름 1cm 정도의 꽃이 모여 달린다.

귀룽나무는 우리나라 중부지방에서 가장 먼저 새순을 내어 봄을 알린다. 솜방망이 같은 하얀 꽃차례는 골짜기에 구름이 이는 듯 풍성하게 핀다. 뜻 모를 귀룽이란 이름은 이러한 생태적 특징 때문에 여러 가지 상상을 자아낸다.

박상진 교수는 그의 책(우리 나무의 세계 1, 김영사)에서 두 가지 유래설을 제시하고 있다.

첫째는 옛 문헌에서 한자 표기로 등장하는 구룡목(九龍木)에서 변음이 되었다는 설이다. 북한의 구룡강, 구룡연, 구룡폭포 등지에 특히 이 나무가 많이 자라서 구룡목으로 부르던 것이 귀룽나무가 되었으리라는 추측이다.

둘째는 이 나무의 하얀 꽃이 뭉게구름처럼 풍성해서 구름나무로 불러오던 것이 귀룽나무로 변음이 되었으리라는 설인데, 실제 북한명이 '구름나무'이므로 그럴 개연성도 보인다. 그러나 북한의 식물명은 광복 이후에 쉬운 우리말로 개정한 정황이 여러 곳 보이므로 원래 불리어 오던 귀룽나무를 구름나무로 개명했을 가능성도 없지 않다.

그런데 꽃 이름의 유래에 천착한 동호회의 꽃벗 송우섭 님은 다른 문헌에서 귀롱목(鬼籠木), 귀능목(鬼能木), 귀농목(귀農木) 등으로 표기된 것을 볼 때 귀룽나무를 이두식으로 차자(借字)했을 수도 있다는 합리적인 의문을 제기하고 있다. 즉 우리 고유의 이름인 귀룽나무를 비슷한 한자의 음을 빌려 표기한 것이라는 견해다.

송우섭 님은 박상진 교수의 두 가지 유래설에 회의하면서 재미있는 화두를 던졌다. 이 나무가 다른 나무들에 비해 일찍 새순을 내고 꽃을 피우므로 긴 겨울이 끝나고 농사철이 되었다는 신호를 보내는 의미로 농(農)자를 쓰지 않았을까 하는 추측이다. 게다가 귀농나무는 구룡나무나 구름나무보다는 귀룽나무에 훨씬 가까운 발음이다.

아무튼 나는 구룡목이나 구름나무 유래설보다는 귀농나무가 더 그럴듯하게 여겨진다. 일찍 나오는 새순으로 새봄을 일깨우는 이 나무에게 가장 어울리는 이름이기 때문이다. 무엇보다도 나무가 농부들을 불러낸다는 의미가 동화처럼 와 닿는다.

사실 아주 오랜 옛날부터 민간에서 부르던 나무 이름의 유래는 수학 문제처럼 명확한 답이 나올 수 없고 검증할 방법 또한 없다. 이름에 얽힌 여러 이야기를 염두에 두고 어떤 나무를 보면서 제 나름의 이런저런 상상을 즐기며 의미를 짚어 보는 걸로 족하다.

# 달빛 아래 빛나는 야광나무

**야광나무** *Malus baccata* (L.) Borkh.

중부지방의 산지와 계곡에서 6~10m 높이로 자라는 장미과의 갈잎소교목. 잎은 끝이 길게 뾰족한 타원형이고 가장자리에 아주 미세한 톱니가 있다. 4~6월에 지름 3cm 정도의 꽃이 여러 개 모여 편평꽃차례를 이룬다.

이화에 월백하고 은한이 삼경인제
일지춘심을 자규야 알랴마는
다정도 병인양하여 잠 못들어 하노라

다정가(多情歌)라고도 하는 이 시조는 고려 문학의 백미로 꼽히는데, 고려 말의 문신 이조년(李兆年, 1269~1343)이 봄밤의 애상(哀想)을 읊은 시조다.

이 시조의 소재가 되는 '이화에 월백'은 달빛을 받은 배꽃이다. 그 달빛은 필시 보름달처럼 밝은 달이 아닌 상현이나 하현달이었으리라. 은한(銀漢, 은하수)은 밤새도록 달이 밝은 보름 전후에는 거의 보이지 않으므로 삼경, 즉 밤 열한 시에서 새벽 한 시 사이의 깊은 밤에 은하수와 같이 볼 수 있는 달은 서쪽으로 기운 상현달이나 동쪽에서 막 떠오르는 하현달이었을 것이다.

이조년이 본 달빛 머금은 이화는 어쩌면 야광나무의 꽃이었을는지도 모른다. 그 시대에는 오늘날처럼 식물 분류가 세분화되지 않아서 꽃모양이 거의 같은 산돌배나무, 콩배나무, 아그배나무, 야광나무 등등이 모두 이화였을 것 같다. 그중에서 야광나무가 '이화에 월백'의 표현과 가장 어울리는 이름의 나무다.

야광나무는 린네가 배나무속으로 분류하여 처음에는 '*Pyrus baccata* L.'라는 학명을 붙였는데 그 후에 무슨 까닭인지 사과나무속(Malus)으로 학명이 정정되었다. 그렇게 재분류한 연유를 알지는 못하나 사과꽃이나 배꽃의 생김새는 거의 차이가 없다. 야광나무와 쌍둥이처럼 닮은 아그배나무도 덩달아 야광나무와 같이 배나무속에서 사과나무속으로 학명이 바뀌었으나 국명은 여전히 작은 배가 열린다는 아그배나무다.

야광나무는 북한 지역에서 자라는 산사나무속의 아광나무에서 유래한 이름으로, 아광나무는 아가위나무나 아그배나무가 변한 이름이라는 설이 있다. 어디에도 야광나무의 '야광'이 한자로 *夜光*으로 표기된 문헌이나 자료는 없기 때문이다. 다만 옛사람들이 달을 '*夜光*'이라고도 했으므로 달빛에 빛나는 정경이 떠올랐을 뿐이다. 유래야 어찌 되었거나 그 이름은 달빛 아래 환하게 빛나는 꽃을 떠올리기에 충분하다.

지난해 야광나무 꽃이 필 즈음에 나름 기특한 생각이 떠올랐다. 달이 밝은 밤에 흐드러지게 핀 야광나무를 찾아 그 꽃잎마다 내려앉은 달빛을 감상하는 일이었다. 며칠 발품을 팔아서 도시의 불빛이 완전하게 배제되어 오로지 달빛만 볼 수 있는 야광나무를 찾았다. 수백 년을 거슬러 옛 선비의 애상과 교감해보는 즐거움을 누려볼 심산이었다. 밝은 달빛에 은하수도 보이지 않고 두견의 울음소리도 없었으나 '이화에 월백'의 눈호강은 원 없이 누려보았다. 다음에는 친한 꽃벗과 함께 이화에 월백하는 밤 야광나무 아래서 술잔에 달을 한 번 띄워볼까 생각중이다.

### 아그배나무

*Malus sieboldii* (Regel) Rehder

중부 이남의 높은 산지에서 3~6m 높이로 자라는 낙엽 지는 작은 교목이다. 잎가장자리에 미세한 톱니가 있으며 새가지의 잎은 종종 3~5개의 결각이 있다. 4~5월에 지름 2~3cm의 꽃이 4~8개씩 모여 피며, 수술은 꽃잎 길이와 비슷하다. 야광나무의 수술 길이는 꽃잎의 절반 정도이고 잎가장자리에 결각이 없다.

### 섬개야광나무

*Cotoneaster wilsonii* Nakai

울릉도의 바다 가까운 바위지대에서 1~4m 높이로 자라는 갈잎떨기나무. 5~6월에 지름 1cm 정도의 꽃 5~20개가 편평꽃차례로 모여 달린다. **둥근잎개야광나무**(*C. integerrimus*)는 강원도 삼척 일대의 석회암지대에서 드물게 자생한다.

# 희망의 꽃을 피우는 산사나무

**산사나무** *Crataegus pinnatifida* Bunge

전국의 산지에서 높이 6m 정도로 자라는 장미과의 갈잎소교목.
줄기와 가지에 1~2cm 길이의 가시가 있고 잎은 크게 갈라진다.
5~6월에 지름 1.5cm 정도의 양성화가 편평꽃차례로 모여 핀다.

메이플라워(Mayflower)호는 1620년에 최초의 이민자들을 신대륙에 내려놓음으로써 오늘날의 미국을 태동시킨 배다. 그 이민자들은 종교적 박해를 피해서 이주한 청교도들이자 아메리칸 드림(American dream)의 창시자였다.

영어에서는 메이플라워(mayflower)가 5월에 피는 꽃이라는 의미로 쓰이고 또 오월에 피는 산사나무(hawthorn)는 may라고 별칭되기도 하므로 나는 Mayflower호의 이름에서 산사나무 꽃을 떠올렸다. 그러니 산사나무의 꽃말 '희망'은 부푼 꿈을 싣고 대서양을 건넜던 '메이플라워호'의 항해와도 의미가 통하는 면이 있다.

장미과에 속하는 산사나무는 1속 1종의 나무로 같은 과의 나무들과 구별하기 쉬운 특징이 있다. 무엇보다도 국화잎 모양으로 갈라지는 잎을 보면 산사나무임을 단박에 알 수 있다. 꽃은 자잘한 배꽃들이 촘촘하게 모여 있는 모양이다.

가을에는 노랗게 물들어가는 잎과 풍성하게 달린 빨간 열매가 무척 아름다워서 가로수로 심기도 한다.

산사나무 꽃

아일랜드 작가 마리타 콘론 맥케너의 소설 '산사나무 아래에서'는 1840년대 아일랜드에서 있었던 대기근을 배경으로 하고 있다. 주인공의 부모는 영양실조로 죽은 막내를 산사나무 아래에 묻고 아이들을 남겨둔 채로 식량을 구하러 떠났지만 끝내 돌아오지 않는다. 주인공은 동생들을 데리고 온갖 어려움을 겪으며 먼 도시에 사는 이모할머니를 찾아간다. 할머니의 집에서 아이들은 살랑거리는 바람을 맞으며 막내가 묻힌 산사나무를 떠올린다. 아일랜드는 700년이 넘도록 영국의 식민지로 고통을 받았지만 이때만큼 힘든 시기는 없었다. 산사나무의 꽃말대로 아이들은 살아남아 희망을 전해주고 그 희망으로 아일랜드는 영국으로부터 독립을 하게 된다.

산사(山査)나무는 원래 중국 이름 산사수(山楂树)를 차용한 이름으로 보인다. 산에 사는 사(楂)나무라는 뜻인데 중국의 나무 이름인 '楂'는 구체적으로 무슨 나무를 지칭하는지 알 수 없다. 산사나무의 우리말 이름은 아가위나무다. 아가위는 작은 외, 즉 아가+외이고, 열매가 참외를 닮아서 유래했다는 설이 있으나 산사나무의 열매는 참외나 오이의 모습과는 거리가 한참 멀다.

산사나무라는 이름에서는 상큼한 느낌이 든다. 별 이유는 없으나 그냥 가벼운 발음이 주는 느낌이 그러하다. 산사나무에는 언제나 맑고 청량한 산들바람이 맴돌고 그 그늘은 아늑하고 로맨틱할 것 같다. 산속의 고즈넉한 산사(山寺)를 그려보게도 하고 세상일을 멀리하고 한가하게 사는 산사(散士)를 떠올리게도 한다.

**아광나무** *Crataegus maximowiczii* C. K. Schneid.

산사나무의 근연종으로 뫼산사나무, 산산사나무라고도 한다.
북부 산지에서 3m 정도로 자라며 잎가장자리 톱니가 불규칙하다.
5~6월에 짧은가지 끝에 작은 꽃들이 겹편평꽃차례로 핀다.
산사나무에 비해 줄기에 가시가 없고 잎 뒷면에만 털이 있다.

©김경종

# 난티나무 잎은 왜 그렇게 갈라졌을까

**난티나무** *Ulmus laciniata* (Trautv.) Mayr

지리산 이북의 높은 산지에서 25m 높이까지 자라는 느릅나무과의 갈잎큰키나무.
느릅나무와 비슷하나 잎 끝이 3~5갈래로 갈라져 끝이 뾰족해지는 특징이 있다.
4~5월 잎이 나기 전에 묵은 가지에서 꽃자루가 거의 없는 양성화가 모여 달린다.

난티나무 그늘 아래서 하늘을 보면 어지럽다. 머리에 뿔이 달린 수많은 도깨비들이 내려다보고 있는 느낌이다. 어쩌면 난티나무라는 이름 때문에 더 어지럼증을 느끼는 건지도 모른다.

난티나무의 이름은 평북 방언에서 유래했다는 기록이 있을 뿐 그 의미에 대해서는 밝혀 놓은 자료가 없다. 이 나무의 특징은 누가 뭐래도 도깨비 얼굴처럼 생긴 잎에 있다. 이런 형태의 잎을 보여주는 나무는 난티나무와 개암나무 정도인데, 개암나무는 난티나무의 잎을 닮았다는 의미로 난티잎개암나무라고 부르기도 한다. 그렇다면 '난티'는 별나게 생긴 잎 모양을 묘사하는 이름이 분명하다.

난티나무 꽃

나는 난티의 '난'을 어지럽다는 의미로 '티'는 같은 느릅나무과의 느티에서 차용했을 걸로 짐작한다. 형용사 '난하다'는 빛깔이나 글씨, 무늬 따위가 깔끔하지 아니하고 무질서하여 어지럽고 어수선하다는 뜻이다. 여기서 '난'의 어원은 한자 '어지러울 란(亂)'으로 사전에서도 '亂하다'를 병기하고 있다. 이 亂자에는 어지럽다는 뜻 외에 손상시키다라는 의미도 있다.

난티나무의 잎이 채우고 있는 그 복잡한 공간을 보면 복잡한 한자 亂자를 연상하기에 충분하고 어찌 보면 잎의 끝부분은 어떤 짐승이 뜯어먹다 만 것처럼 상당히 손상된 듯도 하다. 그리고 잘게 갈라진다는 뜻의 종소명 laciniata도 난티나무의 잎 모양을 나타내고 있다.

난티나무는 울창한 숲에서 다른 큰키나무들과 키 크기 경쟁을 하면서 사는 나무다. 거목들 아래에서는 어린 난티나무들이 한 줌 햇빛이라도 더 받으려고 한껏 잎을 펼치고 있다. 그러한 어린 나무들의 모습을 보면서 문득 생각의 반전이 생겼다. 난티나무의 잎이 어지럽고 어수선하다는 기존의 관념에서 매우 질서정연하고 합리적이라는 생각으로 바뀐 것이다. 대체로 식물들의 잎차례가 그러하지만 서로 겹침이 없고 알뜰하고 치밀하게 공간을 배분한 식물은 난티나무가 제일이지 싶다.

난티나무 그늘 아래서 오랫동안 사색한 끝에 나름 흡족한 답을 얻었다. 난티의 의미는 무엇이고 잎은 왜 그리 갈라졌을까를 곰곰이 생각했던 것이다. 얼핏 보면 어수선하게 제멋대로 갈라진 듯해도 다시 보면 난티의 잎은 일사불란한 걸작 중의 걸작이었다.

닭 볏을 닮은 열매

# 마을을 다시 일으킨 비술나무

**비술나무** *Ulmus pumila* L.

중부 이북의 하천가에서 20m 높이까지 자라는 느릅나무과의 갈잎큰키나무.
수피가 세로로 갈라지며 흰 줄무늬가 생기고 가지는 가늘고 긴 특징이 있다.
3~4월에 잎이 나기 전에 2년지에서 꽃이 피고 열매는 5~6월에 성숙한다.

경북 영양군에는 주사(做士)골이라는 마을이 있다. 원래 강씨들이 살던 이 마을에 큰 홍수가 나서 사람들이 모두 떠나고 폐촌이 되었는데 주곡공(做谷公) 이도(李櫂)와 주계공(做溪公) 이용(李榕) 형제가 이곳으로 이주해 와서 수해와 바람을 막기 위해 비술나무와 시무나무를 심었다. 마을 앞을 흐르는 인지천을 연하여 숲이 조성되자 수해로부터 넓은 들을 지킬 수 있었고, 마을 이름은 두 선비의 호인 주곡, 주계의 주(做)자에 선비 사(士)를 붙여서 주사골이 되었다.

이 두 선비의 호는 숲이 조성되어 마을이 살아난 뒤에 붙여진 듯하다. 두 분

의 호에 들어간 지을 做자는 무엇을 이루거나 책임을 맡는다는 의미가 있고, 그 뒤의 '谷'자, '溪'자는 골과 하천을 뜻하므로 그분들이 한 일과 일치하기 때문이다. 즉 주곡은 '마을을 이루다'는 뜻으로, 주계는 '하천을 책임지다'는 의미로 풀이할 수 있다.

두 선비는 비술나무와 시무나무의 생육특성을 잘 알고 이 나무들로 숲을 조성했을 것이다. 숲에는 비술나무, 시무나무, 느티나무가 6:2:2 정도의 비율로 심어져 있는데, 이 나무들은 모두 느릅나무과의 나무들로 하천 옆에서 뿌리를 깊게 내리며 줄기가 단단해서 홍수와 태풍에 견디는 힘이 강하다. 이 숲은 500미터 정도 거리를 두고 두 군데에 조성되었는데 하천이 굽이쳐서 홍수가 나면 마을과 농토를 침범할 수 있는 취약한 곳에 나무들이 심어졌다. 조선시대에 공리공론에 치우쳤던 성리학의 반성으로 일어난 새로운 학풍이 실학(實學)이라면 두 형제의 홍수방지림 조성은 그야말로 실사구시(實事求是)와 산림경제(山林經濟)의 모범이라 할만하다.

이 숲에 가장 많이 심어진 비술나무는 열매가 닭의 벼슬(볏의 방언)을 닮아서 함경도 지방에서 부르던 이름이 『조선식물향명집』에 수록되었다. 열매 여러 개가 달린 모습은 닭 벼슬을 닮았고 낱낱의 열매는 미선나무 열매 같은 부채 모양이다. 비술나무가 닭 벼슬에서 유래한 이름이라는 데에는 수긍이 가면서도 영양 주사골의 비술나무 숲에 가면 마을을 다시 일으킨 비술(祕術)을 발휘한 나무라는 생각도 든다.

# 물푸레나무와 대장간의 추억

**물푸레나무** *Fraxinus rhynchophylla* Hance

전국의 산지에서 높이 15m, 지름 60cm 정도까지 자라는 갈잎큰키나무.
잎은 작은잎 5~7개로 이루어진 깃꼴겹잎이고 가장자리에 얕은 톱니가 있다.
4~5월에 새가지 끝에서 꽃잎이 꽃술들이 자주색 원뿔모양꽃차례를 이룬다.

고향의 냇가에서는 2년에 한 번씩 대장간이 차려졌다. 무덤 모양의 흙가마는 늘 그 자리에 있어서 약간 손만 보면 되었고 대장장이는 모루와 풀무 그리고 몇 가지 연장을 지게로 지고 와서 한 열흘 일하고 다음 동네로 옮겨 다녔다. 경상도에서는 대장장이를 쇠를 벼리는 일을 한다고 베름쟁이라고 불렀다. 농부들이 몇 해 동안 열심히 일하면서 날이 닳고 무디어진 호미나 괭이들을 녹여서 새것으로 재생시켜 주었는데 공임은 쌀과 보리로 받아갔다.

별 구경거리가 없는 산골에서 아이들은 대장간 주변에 모여들었다. 그렇다고 틈틈이 못이나 말굽쇠를 빼돌려 항아리에다 대장장이의 노후 자금을 비축했던 어린 이항복처럼 갸륵한 뜻으로 대장간 옆에서 얼쩡거린 건 아니었다. 쇠가 귀한 시절이어서 대장간의 하루 작업이 끝나면 엿 바꿔 먹을 쇳조각 하나 남지 않았다. 산골 아이들에게는 철기문명의 생생한 현장을 견학하는 것이 신기할 따름이었다.

수피의 얼룩무늬

벌겋게 달아오른 쇳덩어리들은 대장장이의 망치질을 거쳐 각이 선 새 날로 거듭났다. 주문을 의뢰한 농부들은 자신들이 쓸 농기구의 자루를 산에서 직접 마련해왔다. 그때는 이름을 몰랐지만 녹회색 바탕에 희끗희끗한 얼룩이 있는 그 나무가 물푸레나무였다. 벌겋게 단 낫날은 꼬리를 낫자루에 찔러 박고 괭이날은 자루를 감싸는 형태로 망치로 두들겼다. 일단 벌겋게 단 쇠붙이와 자루가 연결되면 바로 물에 집어넣어서 나무가 더 타들어가지 않도록 했다. 이때에 물이 푸르스름해져서 얻은 이름이 물푸레나무라고 한다. 괭이나 도끼, 망치처럼 힘을 많이 받는 자루는 반드시 물푸레나무로 만들었고 호미처럼 자루가 짧고 큰 힘을 받지 않는 자루는 다른 가벼운 나무를 쓰기도 했다.

아이들이 꼴을 베는 낫은 날은 가볍게, 자루는 손에 쥐기에 적당한 굵기로 만들었다. 열 살쯤 되었을 때 아버지를 졸라서 드디어 내가 쓰기에 알맞은 낫을 가질 수 있었다. 그때 내 손에 쥐어진 물푸레나무 낫자루의 야무지고 탄탄한 느낌과 이제부터는 나도 낫질을 할 수 있는 나이가 되었다는 뿌듯함이 지금도 생생하다.

조선시대에는 죄인을 벌주는 곤장을 재질이 단단하고 묵직한 물푸레나무로 만들었다고 한다. 물푸레 곤장이 너무 가혹했던지 한때는 좀 가벼운 나무로 곤장을 대체했다가 범죄가 증가하자 다시 물푸레 곤장으로 죄인을 다스렸다는 기록도 전해진다.

물푸레나무는 큰키나무로 분류되지만 농촌 주변의 산에서는 큰 나무가 귀하다. 괭이자루로 쓸 만큼 자라면 늘 베어져서 농사일에 헌신했기 때문이다. 지금은 한 오십 년 자란 훤칠한 물푸레나무들을 보면서 그래도 너희들은 좋은 시절 만났구나 한다.

## 쇠물푸레나무

*Fraxinus sieboldiana* Blume

중부 이남의 산지에서 5~15m 높이로 자라는 낙엽소교목 또는 교목. 물푸레나무에 비해 잎이 좁고 뾰족한 편이며 뒷면에 갈색 털이 없다. 4~5월에 새가지 끝에서 원뿔모양꽃차례로 흰색의 꽃이 모여 달린다.

**들메나무**

*Fraxinus mandshurica* Rupr.

중부 이북의 산지 계곡부에서 높이 30m, 지름 2m 정도까지 크게 자란다. 작은잎이 7장 이하인 물푸레나무에 비해 9~11장이 달리고 끝이 뾰족하다.

밀양 위양지의 이팝나무

# 밀양 위양지의 이팝나무

**이팝나무** *Chionanthus retusus* Lindl. & Paxton

중부 이남의 산야에서 비교적 드물게 자라는 물푸레나무과의 갈잎큰키나무. 높이 20m, 지름 70cm 정도까지 자라며 가로수나 조경수로 흔히 심는다. 암수딴그루로 5월에 길이 2cm 정도의 꽃들이 원뿔모양꽃차례로 달린다.

이팝나무는 산야에서는 쉽게 만날 수 있는 나무가 아니다. 남해의 섬 지역에서 드물게 발견되고 내륙에는 불과 한두 곳의 자생지가 있다. 이웃나라 일본에서도 이팝나무 군락은 천연기념물로 지정되어 있다고 한다. 물푸레나무과에 속하는 이 나무는 쇠물푸레나무 꽃을 열 배쯤 뻥튀기한 모양이다. 꽃이 필 때는 잎이 보이지 않을 정도로 온통 흰 꽃으로 뒤덮여서 장관을 이루므로 가로수나 조경수로 많이 심어진다.

이팝나무의 이름은 꽃 피는 시기와 묘한 관계가 있다. 옛날에는 가을에 추수한 곡식이 바닥나고 유월 중순에 보리를 수확할 때까지 백성들이 끼니를 때우기가 어렵던 시기를 보릿고개라고 했다. 집 형편에 따라 길기도 하고 짧기도 했지만 대체로 봄부터 햇보리가 나올 때까지였고 그 어려운 보릿고개의 절정인 오월에 하얀 쌀밥을 닮은 이팝나무 꽃이 핀다. 대다수의 백성들에게 포원이 진 이밥을 닮은 꽃을 피우니 그 나무는 당연히 이팝나무가 되었으리라.

이팝나무 꽃

사실 이 계절에는 이팝나무뿐만 아니라 층층나무, 쉬나무, 고광나무, 말채나무 등등 하얀 쌀밥을 연상할 만한 나무 꽃들이 많이 핀다. 이팝나무는 그중에서도 가장 이밥을 많이 닮았다고 인정받은 셈이다. 24절기 중에 입하(立夏)에 해당하는 오월 초순에 꽃이 피어서 입하목으로 부르다가 이팝나무가 되었다는 설도 있다. 그럴싸하게 들리기는 해도 입하가 이팝으로 변하기에는 무리가 있어 보인다.

이팝나무는 오래될수록 운치를 더한다. 우리나라에는 거목으로 자란 이팝나무 몇 그루가 보호수로 지정되어 꽃이 만발하면 보는 이들의 경탄을 자아내게 한다. 그중에서도 유명한 나무는 밀양 위양지의 이팝나무다. 위양지는 삼국시대에 축조되었다고 전해지는데, 인근에 규모가 수십 배나 큰 가산저수지가 생긴 후로 저수지의 임무를 다하고 지금은 오랜 역사와 아름다운 풍경으로 사랑받는 곳이 되었다. 이 저수지 한가운데에 자리 잡은 정자 앞에 꽤 오래전에 심어진 듯한 이팝나무 두어 그루가 있다. 이 꽃이 필 때가 위양지 풍경의 절정이어서 해마다 수많은 구경꾼들이 모여든다.

위양지(位良池)는 양민들을 배불리 먹여 굳건히 세운다는 뜻을 담은 이름이라고 한다. 이 저수지는 드넓은 밀양 들녘에 풍요를 가꾸는 시발점이요 젖줄이었다. 보릿고개의 마루턱을 넘을 때 이 저수지의 한가운데에서 풍성하게 꽃 피는 이팝나무는 백성들이 오로지 원하는 풍작의 기원이며 희망의 상징이 될 수밖에 없었으리라. 위양지의 이팝나무야말로 가장 그 이름에 걸맞은 자리에 서 있는 셈이다.

# 우상복엽대왕 가래나무

**가래나무** *Juglans mandshurica* Maxim.

지리산 이북의 산지 및 계곡에서 15m 정도 자라는 가래나무과의 갈잎큰키나무. 잎차례 길이가 1m에 이르며 길이 15cm 정도의 7~17개의 작은잎으로 이루어진다. 5월에 수꽃차례는 한 뼘 정도 아래로 늘어지고 암꽃차례는 반 뼘 높이로 곧게 선다.

가래는 옛날에 쓰던 커다란 삽이다. 나무로 만든 삽 가장자리에 초승달 모양의 쇠붙이를 덧대고 삽날 양쪽에는 밧줄을 매어 세 사람이 밭을 갈거나 흙을 떠내던 상당히 원시적인 농기구다. 삽날 넓이가 요즈음 쓰는 삽과 별 차이가 없으나 가벼운 삽을 만들 기술도 없고 쇠붙이가 귀했던 시대에 삽 자체의 무게 때문에 세 사람이 힘을 모아서 쓰던 도구로 보인다.

가래나무의 이름은 이 가래에서 유래했다는 설이 보편적이다. 길쭉한 삽날의 끝부분을 쇠붙이로 두르고 양쪽 귀에 밧줄을 꿰는 구멍을 뚫은 가래 삽날이 가래나무의 열매나 열매를 쪼갠 단면과 비슷한 모습이다. 한자로 가래나무 추(楸)자와 가래 초(鍬)자가 닮은 것도 가래나무 이름의 유래설을 뒷받침하는 듯

가래나무 씨앗과 가래

하다.

가래 열매는 호두보다 약간 작고 길쭉하며 속껍질이 두껍고 단단하다. 호두가 중국에서 들어와 널리 재배되기 전에는 가래 열매를 먹었다. 가래나무의 속명 Juglans는 라틴어로 '주피터의 단단한 열매'라는 뜻이라고 한다. 신들의 왕인 주피터(그리스 신화의 제우스)의 이름을 쓴 것은 그만큼 열매가 크고 맛있다는 함의가 있는 듯하다.

숲에서 가래나무를 찾아다녀보니 어슷비슷한 잎을 단 나무들이 의외로 많았다. 이를테면 가죽나무, 참죽나무, 굴피나무, 들메나무, 옻나무, 소태나무 등등이었는데 도감에서 세어보니 이들처럼 비슷한 깃꼴겹잎을 내는 나무가 백여 종 가까이 있었다. 비슷한 나무들을 가려보는 재미로 몇 달을 다녀보니 가래나무의 잎이 그중 가장 컸다.

우산처럼 펼친 가래나무의 잎차례는 양팔을 벌린 폭보다도 넓었다. 훤칠하게 뻗은 줄기에 시원하게 펼친 그 깃꼴겹잎을 보면 어떤 위엄까지 느껴진다. 깃꼴겹잎은 한자어 식물용어로 '우상복엽'(羽狀複葉)이다. 어려운 한자어 대신 고유어로 정리한 식물용어를 쓰는 것이 요즘의 추세지만, 박물관으로 보내기 전에 가래나무에게 감투 한번 씌워주고 싶었다. '우상복엽대왕 가래나무', 나처럼 나무 이름을 익히는 초심자들에게 괜찮은 별명이지 싶다.

가래나무 열매

# 다릅나무와 느릅나무

**다릅나무** *Maackia amurensis* Rupr.

전국의 산지에서 7~15m 높이로 자라는 콩과의 갈잎큰키나무.
깃꼴겹잎으로 길이 5cm 정도의 타원형 작은잎이 3~5쌍 달린다.
7~8월에 황백색 양성화가 10~15cm 길이의 총상꽃차례로 핀다.

다릅나무는 어쩌다 만나지는 흔치 않은 나무다. 나는 어느 여름날 낙동정맥 산행길에서 단 한 번 본 적이 있을 뿐이다. 이 나무는 무리 지어 자라지 않기 때문에 마음먹고 찾아 나서지 않으면 보기가 어려운데, 아까시나무 꽃을 닮은 풍성한 꽃이 피는 칠팔월에 눈에 잘 띈다.

드문 만큼 평소에는 듣기 어려운 이 나무의 이름이 왠지 귀에 설지 않고 정겹다. '다릅'이라는 이름이 주는 어감은 우선 토속적이고 다정하며 편안하다. 'ㅂ'으로 마무리된 '다릅'에서는 단정하고 야물딱질 거라는 느낌마저 든다.

『한국 식물 이름의 유래』(심플라이프, 조민제 외)에서는 여러 문헌을 조사한 끝에 '다릅'을 '불에 달다'에서 '달'을, '느릅나무'에서 '릅'을 취한 이름이라는 유래설을 지지하고 있다. '달다'가 동사로 쓰일 때 '타지 않는 물체가 열로 몹시 뜨거워지다'라는 의미가 있는데, 다릅나무의 껍질이 오래 묵을수록 색깔이 짙어지면서 얇게 벗겨지는 모습이 불에 구운 듯해서 차용해온 걸로 보고, 19세기에 저술된 『물명고』에 나온 '느릅나무 종류와 유사하다'는 설명을 근거로 '다릅'의 유래를 추정하고 있다.

다릅나무는 줄기의 중심 부분인 심재(心材)와 가장자리 부분인 변재(邊材)의 색깔이 확연히 다르다. 심재는 짙은 갈색을 띠고 변재는 밝은 미색에 가까워서 두 색상의 대비가 여간 아름답지 않다. 이러한 현상에 착안해서 겉과 속이 같지 않은 '다른나무'가 다릅나무가 되었다는 설도 있다.

생활이 풍족해질수록 집 안 장식이나 예쁜 가재도구에 관심을 갖는 사람이 늘고 있다. 이를테면 아름다운 목재 차탁이나 소품 가구, 나무 도마 같은 것들인데, 다릅나무는 목재의 미감이 뛰어날 뿐만 아니라 단단하기까지 해서 이런 도구를 만들기에 딱 좋은 나무다. 근래에는 정보화의 물결이 더욱 많은 이들의 소유욕을 부추기는 추세여서 그렇지 않아도 귀한 다릅나무의 안위가 염려스럽다.

다릅나무와 아주 비슷한 솔비나무는 제주도에서 비교적 쉽게 만날 수 있다. 꽃차례는 거의 같은데 솔비나무의 잎이 다릅나무에 비해 자잘하게 많이 달리는 차이밖에 없다. 솔비나무 역시 다릅나무처럼 재질이 단단해서 옛날에는 암초가 많은 제주 바다에 다니는 배를 만드는 데에 쓰였다.

다릅나무에 돌림자를 차용해 줬다는 느릅나무는 콩과인 다릅나무와 분류계통이 전혀 다르다. 느릅나무는 느티나무, 난티나무, 시무나무, 비술나무 등을 아우르는 느릅나무과의 종주격인 나무다. 느릅나무 일가의 나무들은 대체로 거목으로 자라면서 세월이 흐를수록 위엄을 더해간다. 이렇게 가문이 다른 나무가 단지 나

무껍질이 비슷하다는 이유만으로 돌림자를 빌려 주었을 것 같지는 않다.

다릅나무와 느릅나무는 옛날에 소코뚜레로 쓰였던 공통점이 있다. 다릅나무에는 쇠코둘개나무, 소터래나무 같은 여러 향명이 있고, 느릅나무 역시 코뚜레나무라는 전남 향명이 있다. 이런 쓰임새 때문에 가문이 완전히 다른 두 나무가 쉽게 돌림자를 나누어 쓴 것으로 생각된다. 먼저 쓴 글에서 노간주나무로도 소코뚜레를 만들었다고 언급한 적이 있는데, 코뚜레의 재료로 쓴 세 가지 나무는 단단할 뿐만 아니라 많이 구부려도 부러지지 않는 유연성이 있다.

느릅나무의 꽃

느릅나무라는 이름은 옛 문헌 여러 곳에서 나타난 고유어로, '힘없이 길게 늘어지다'라는 의미의 '느러나다'나 '느르다'와 관련된 걸로 추정하고 있다(한국 식물 이름의 유래, 조민제 외). 느릅나무에는 50여 가지나 되는 옛이름과 향명이 있다. 이는 그만큼 이 나무가 널리 분포하고 조상들의 삶에 깊이 관련되어 있었다는 방증이다. 이를테면 북한명인 떡느릅나무는 잎으로 떡을 해먹은 데서 유래한 걸로 보이고 경남의 향명 부시럼나무는 껍질이 벗겨지는 모습에서 나온 이름으로, 전남 지방에서 부르던 누룽지나무는 이 나무의 속껍질에서 나온 전분으로 배고픔을 달랬던 데서 유래한 이름으로 짐작된다.

느릅나무의 열매는 크기만 약간 작을 뿐 미선나무의 열매와 아주 비슷하다. 동그랗고 얇은 날개 가운데에 납작한 씨앗이 자리 잡은 모습이 그러하다. 옛날에는 엽전을 유협전(楡莢錢) 또는 유전(楡錢)이라고도 했는데, 이는 엽전이 느릅나무의 열매를 지칭하던 유협(楡莢)을 닮았기 때문이다.

옛사람들은 다릅나무와 느릅나무를 집안은 달라도 품성은 비슷한 형제로 여긴 듯하다. 수백 년은 불러왔음직한 이 두 나무의 이름이 참 정겹고 편안하다.

## 느릅나무

*Ulmus davidiana* Planch. var. *japonica* (Rehder) Nakai

전국의 산지에서 15m 높이 정도로 자라는 느릅나무과의 갈잎큰키나무. 잎은 거꿀달걀 모양이고 끝이 갑자기 뾰족해지며, 가장자리에 겹톱니가 있다. 4월에 잎이 나기 전에 묵은가지에서 꽃잎이 없는 양성화가 핀다.

## 참느릅나무

*Ulmus parvifolia* Jacq.

중부 이남의 숲 가장자리에서 15m 높이 정도로 자라는 갈잎큰키나무. 잎은 긴 타원형이고 끝이 둔하며, 가장자리에 둔한 톱니가 있다. 9~10월에 새가지의 잎겨드랑이에서 양성화가 3~6개씩 모여 핀다.

# 피나무의 수난시대

**피나무** *Tilia amurensis* Rupr.

산지에 드물게 분포하는 갈잎큰키나무로 높이 25m, 지름 1m 정도 자란다.
6~7월에 잎겨드랑이에서 5cm 정도의 포와 함께 3~20개의 꽃이 달린다.

1980년대 중반에 동부전선 민통선 부근의 중대장으로 발령을 받았다. 전임 중대장이 떠나면서 한 가지 솔깃한 제안을 해왔다. 어느 골짜기에 거대한 피나무를 베어 놓았으나 마땅한 수단이 없어서 가져오질 못했는데, 적당한 기회에 그걸 운반해 와서 반씩 나눠 갖자는 것이었다. 드럼통을 7개 정도 이어 놓은 크기로 그 정도면 바둑판 열다섯 개가 넉넉히 나온다고 했다.

우선 정찰을 나가봤더니 깊고 가파른 골짜기에 아름드리 피나무가 쓰러져 있었다. 그걸 차가 다니는 길까지 밧줄로 끌어올리려면 최소한 30명의 병력이 필요하고, 나무와 인원을 수송하려면 트럭 두 대가 해발 980미터의 험한 산길을 올라가야 했다. 무모할 정도로 위험한 일이라는 판단을 하고는 피나무 운반을 단념했다.

비록 실행에 옮기지는 않았으나 그때의 유혹에 흔들렸던 마음조차도 부끄럽다. 군 본연의 임무와 자연보호에 대한 심각한 일탈이라는 인식이 모자랐던 것이다. 군대뿐만 아니라 그 시대의 사회적 의식 수준도 대체로 그러했던 것 같다. 그 무렵 전방 오지의 대명사였던 강원도 인제, 원통 거리를 지나노라면 피나무 바둑판 간판을 내건 목공소와 가게가 즐비했으니 말이다.

피나무가 바둑판이나 목공예품의 소재로 그런 수난을 겪는 까닭이 있다. 우선 재질이 치밀하여 섬세한 형상을 만들 수 있으면서도 의외로 가볍다. 나무가 잘 트지 않고 목재의 무늬와 색상이 우아하고 은은한 데다가 나이테가 거의 보이지 않기 때문에 바둑판으로 만들기도 안성맞춤이다. 조선왕조실록을 보관하는 상자도 피나무로 만들었다고 하니 얼마나 대단한 목재인가.

울창한 숲에서 찾아내기가 어려운 피나무는 유월이 되면 확연하게 드러난다. 약간 노란색이 도는 꽃들이 흐드러지게 피어 멀리서도 잘 보이기 때문이다. 그래서 피나무는 수많은 벌들이 꿀을 얻어가는 훌륭한 밀원식물이기도 하다.

피나무는 껍질을 뜻하는 피(皮)에서 유래한 이름으로 믿어진다. 피나무 껍질의 섬유질이 길고 질겨서 튼튼한 밧줄을 만들거나 자리를 짜기도 했다. 고향마을에서도 가뭄에 네 사람이 두레 줄을 잡고 개울물을 농수로에 퍼 올릴 때 새끼줄은 약해서 피나무 껍질로 튼튼한 밧줄을 꼬아서 썼다.

피나무는 오랜 세월 섬유와 목재, 꿀로 인간에게 그렇게 아낌없이 베풀었다. 역설적으로 그 베풂은 껍질이 벗겨지고 아름드리가 베어지는 피나무의 수난사였다.

**찰피나무**

*Tilia mandshurica* Rupr. & Maxim.

제주도를 제외한 전국의 산지에 분포하며 피나무와 비슷하다. 피나무에 비해 잎과 포가 약간 큰 편이고 꽃은 황백색을 띤다.

# 고흐의 그림 같은 서어나무

**서어나무** *Carpinus laxiflora* (Siebold & Zucc.) Blume

중부 이남의 산지에서 15m 정도까지 자라는 자작나무과의 갈잎큰키나무.
근연종인 소사나무나 까치박달에 비해 잎 끝이 꼬리처럼 뾰족하게 길다.
4~5월에 수꽃차례는 2년지에서, 암꽃차례는 새가지에서 아래로 드리운다.

서어나무는 여느 자작나무나 참나무 종류처럼 수수하게 늘어진 꽃을 피운다. 그런데 꽃이 지고 나면 언젠가 한 번 본 듯한 독특한 열매차례의 모습이 드러난다. 작은 잎 모양의 씨앗보자기가 망개떡 싸듯이 씨앗을 날개로 싸서 이삭처럼 늘어진다. 그것은 어릴 적에 메뚜기를 잡아서 풀줄기에 조롱조롱 꿰고 다니던 모양이나 친구들과 개울에서 물고기를 잡아서 버드나무 줄기에 꿴 모양을 영락없이 닮았다.

고흐의 감자 먹는 사람들

서어나무의 진면목을 본 건 단풍이 한껏 화려함을 뽐낼 무렵이었다. 붉은 단풍이 간간이 보이는 산길을 가다가 잎이 노랗게 물든 서어나무를 만났다. 먼저 물든 잎은 다시 부드럽게 홍조를 띠며 농염을 더해가고 있었다. 그 화려한 잎들을 훑어 내려오니 한여름 열심히 일한 농부의 억센 근육을 닮은 울근불끈한 검은 줄기가 골격미를 자랑하고 있었다.

그러한 서어나무의 모습에서 문득 고흐의 그림 '감자 먹는 사람들'이 떠올랐다. 고흐는 이 그림을 화상(畫商)이었던 동생 테오에게 팔아줄 것을 부탁하면서 편지에 다음과 같은 설명을 했다.

> 이 그림의 주변에는 짙은 황금색이나 구릿빛이 칠해져 있어야 한다. 그 그림을 제대로 보고 싶다면 부디 내 말을 잊지 말아라. 황금빛 색조와 함께 배치해야 그림이 더 잘 살아난다.
>
> ... 중략 ...

나는 램프 불빛 아래서 감자를 먹고 있는 사람들이 접시로 내밀고 있는 손, 자신을 닮은 바로 그 손으로 땅을 팠다는 점을 분명히 보여주려고 했다. 그 손은, 손으로 하는 노동과 정직하게 노력해서 얻은 식사를 암시하고 있다.

고흐는 가난하고 고단한 농부들의 저녁 식탁에 감자 한 접시밖에 없었지만 그것을 화려한 황금빛 벽에 배치함으로써 황금과 물질이 지배하는 세상에서 소박한 삶의 보람을 역설적으로 돋보이게 보여주고 싶었는지 모른다.

그곳에서 노랗게 단풍이 들어가던 서어나무가 그러했다. 서어나무의 줄기는 감자먹는 사람들의 억센 손마디와 정직한 근육을 닮았고 화려하게 물든 잎들은 고흐가 원했던 황금색이나 구릿빛의 배경이 되어주었다.

서어나무의 꽃차례. 수꽃차례는 묵은 가지에서 5cm 정도로 늘어지고, 암꽃차례는 새가지 끝에 달린다. 사진에서는 암꽃차례가 성숙해서 과수가 된 상태를 보여준다.

### 소사나무

*Carpinus turczaninovii* Hance

서남해안지방이나 강원 내륙의 산지에서 높이 10m까지 자라는 소교목. 잎은 거꿀달걀모양으로 끝이 뾰족하고 4월에 잎이 나오면서 꽃이 핀다. 수꽃차례는 4cm 정도 아래로 드리우고 암꽃차례는 1cm 정도로 선다.

마니산 참성단의 천연기념물 소사나무 ©양성준

인제 수산리의 복자기

# 복자기 이름의 유래

**복자기** *Acer triflorum* Kom.

중부 이북의 산지에서 15m 높이 정도로 자라는 단풍나무과의 갈잎큰키나무. 양성화와 수꽃이 딴그루에 피며, 4~5월에 새가지 끝에서 꽃이 3개씩 달린다. 근연종인 복장나무는 잎가장자리에 톱니가 많고 표면과 잎줄기에 털이 없다.

단풍나무에도 꽤 많은 일가친척이 있다. 고로쇠나무, 신나무, 시닥나무 등등 국내에 자라는 단풍나무속의 나무가 열 가지가 넘는다. 복자기도 단풍 가족의 일원이지만 이름만큼이나 잎의 모양이 독특하다. 여러 가지 단풍나무붙이의 잎은 잎자루 하나에서 손바닥 모양으로 갈라지는데 복자기의 잎은 하나의 잎자루에서 완전하게 분리된 세 개의 작은 잎이 달린다.

눈썰미가 있는 사람은 멀리서도 단풍이 드는 색으로 복자기를 알아본다. 단풍나무가 화려하게 물든다면 복자기는 우아하게 단풍이 든다고 할까. 단풍은 절정에서 붉은 자주색으로 가는데 복자기는 주홍색에서 그대로 낙엽이 되므로 그 잎들이 내려앉은 나무 밑은 세상에서 가장 화사하고 우아한 주홍색의 카펫을 깔아놓은 듯하다.

생소한 이름인 '복자기'는 평북지방의 방언이라고 한다(한국 식물명의 유래, 이우철). 비슷한 이름인 복장나무, 복작나무 역시 연변지방이나 강원도에서 부르는 이름인데, 주로 중부 이북에서 자라는 나무다 보니 그 지방에서 부르는 이름이 국명이 된 듯하다.

복자기는 성장이 더딘 대신에 목질이 아주 단단해서 수레바퀴의 축으로 쓰였다. 바퀴의 축은 엄청난 무게와 마찰을 견디므로 얼마나 단단한 나무인지 미루어 짐작할 수 있다. 그런 연유로 나도박달, 즉 나도 박달나무만큼 단단한 나무라는 이름도 있다.

문득 복자기라는 생뚱맞은 이름은 이렇게 수레바퀴의 축으로 쓰인 것과 관련이 있지 않을까 하는 생각이 들었다. 사람의 앞가슴 가운데에서 중심을 잡고 있는 크고 탄탄한 뼈가 복장뼈인데, 이 뼈에서 어깨뼈와 몸통을 지탱하는 8쌍의 갈비뼈가 연결되어 있다. 그렇다면 수레바퀴축과 이 복장뼈의 역할은 상당히 비슷하다고 할 수도 있다. 즉 이 나무는 수레의 복장뼈와 같은 기능을 한다는 의미로 복장나무, 복작나무로 부르던 것이 복자기가 되지 않았을까 추측을 해 보았다.

강원도 인제군 남면 수산리의 깊은 산골에서 자라는 복자기는 400여 년이 넘는 거목에다 멋진 자태로 유명하다. 가을에 화려하게 단풍 물든 그 나무를 보러 많은 사람들이 먼 길을 찾아 간다. 그렇게 아름다운 복자기를 보고는 세상의 복을 듬뿍 받은 '복장이'라는 생각도 들었다.

복자기나무의 잎은 가장자리에 큰 톱니가 2~3개 있다.

### 복장나무

*Acer mandshuricum* Maxim.

깊은 산지에서 10~15m 높이로 자라며 복자기보다 남부지방에도 분포한다. 복자기의 잎가장자리에 2~4개의 큰 톱니가 있는 데 비해 가지런한 톱니가 많다. 5~6월에 수꽃과 양성화가 딴 그루에 피며 드물게 한 그루에 피는 개체도 있다.

# 05 덩굴과 아주 작은 나무들

나무이면서도 나무로 불리지 않는 나무가 있다.
덩굴을 뻗어가거나 무릎 높이쯤 자라는 목본들이다.
칡, 머루, 다래, 노박덩굴처럼 크게 번지는 덩굴은
높은 나무들을 타고 올라가서 충분히 햇빛을 받고
으아리붙이나 담쟁이는 낮은 나무나 담장을 오른다.
병조희풀, 백리향, 더위지기처럼 작은 나무들은
줄기가 나무처럼 딱딱해져서 나무로 쳐주기는 해도
겨울에는 마르고 봄마다 새 줄기를 내는 풀과 같다.

가을의 푼지나무

# 종덩굴

인적 드문 숲가
작은 종 닮은 꽃
다소곳 붉은
산골 처녀의
부끄럼

한 줄기 소나기
정곡을 울려
여름 숲에 스미는
작은
종소리

**종덩굴** *Clematis fusca* var. *violacea* Maxim.

숲 가장자리에서 드물게 자라는 미나리아재비과의 갈잎덩굴나무.
3~5m 정도 줄기를 뻗으며 잎은 5~7개의 작은잎으로 된 겹잎이다.
6~7월에 줄기 끝이나 잎겨드랑이에서 자주색 꽃이 1개씩 달린다.

### 세잎종덩굴

*Clematis koreana* Kom.

해발 1,200m 이상의 산지에서 2~3m 정도 덩굴을 뻗으며 자란다. 6~8월에 지름 3cm 정도의 자주색 또는 황색의 꽃이 1개씩 달린다. 누른종덩굴은 꽃 색 외에는 차이가 없어 세잎종덩굴에 통합되었다.

### 바위종덩굴

*Clematis calcicola* J. S. Kim

강원도의 석회암지대에서 3m 정도 자라지만 대개 50cm 미만이다. 세잎종덩굴과 비슷하나 잎이 두꺼운 가죽질이고 털이 거의 없으며, 개화기는 한 달 정도 빠른 5~6월이고, 화피편이 두껍고 주름이 없다.

## 자주종덩굴

*Clematis alpina* var. *ochotensis* (Pall.) S. Watson

설악산 이북의 높은 산지 정상부에서 2~3m 정도 덩굴로 자란다. 5~6월에 지름 3.5cm 정도의 꽃이 피며 꽃덮이조각은 4장이다. 산종덩굴, 고려종덩굴 등으로 세분되기도 했으나 통합되었다.

## 요강나물

*Clematis fusca* Turcz. var. *coreana* Nakai

강원도 이북의 고산지대에서 무릎 높이 정도로 자라며 윗부분은 덩굴성이다. 잎은 3출엽이고 잎가장자리는 밋밋하거나 간혹 둔한 톱니가 있다. 5~6월에 지름 3cm 정도의 짙은 갈색 꽃이 줄기 끝에 1개씩 달린다.

# 아름다운 실패작 큰꽃으아리

**큰꽃으아리** *Clematis patens* C. Morren & Decne.

제주도를 제외한 전국의 산야에서 자라는 미나리아재비과의 갈잎덩굴나무.
5~6월에 줄기 끝이나 잎겨드랑이에서 지름 5cm 정도의 꽃이 1개씩 핀다.
꽃잎처럼 보이는 화피편은 5~8장이며 뒷면에 털이 밀생한다.

탐사를 다니다가 우연히 큰꽃으아리를 만났다면 그날은 운수 좋은 날이다. 그만큼 흔치 않은 식물이기도 하거니와 꽃이 여느 들꽃보다 크고 우아해서 기분이 좋아진다. 으아리속(Clematis)에는 종덩굴, 병조희풀, 참으아리 등 한 인물 하는 꽃들이 많으나 그 모든 꽃들이 큰꽃으아리의 격조 높은 미감에는 미치지 못한다.

하얗게 펼친 큰꽃으아리의 넉넉한 꽃잎(花被片)은 곱게 차려 입은 모시적삼과 같고 그 가운데를 은은하게 물들인 포르스름한 무늬에서는 신비한 느낌마저 든다. 미나리아재비과의 식물들이 대개 그러하듯이 큰꽃으아리에서도 대다수의 사람들이 꽃잎이라고 여기는 것이 식물학의 관점에서는 꽃받침이 변형된 것이다.

어쨌거나 그 귀한 꽃을 만난 기쁨은 이내 실망으로 바뀌기가 일쑤다. 희고 큰 꽃이어서 먼발치에서도 눈에 들지만 반가운 마음에 가까이 가보면 이미 좋은 때는 지나버린 경우가 많다. 꽃잎처럼 보이는 우아한 화피편은 초여름의 따가운 볕에 한나절을 견디지 못하고 시들어가고 설상가상으로 그걸 맛있게 먹어치우는 벌레가 있는지 온전한 꽃을 보기도 어렵다.

큰꽃으아리의 깨끗한 개화 상태를 보려면 꽃이 피는 장소를 미리 찾아 놓고 시시때때로 개화를 살펴야 하겠지만 그곳이 가까이 있지 않으면 쉽지 않은 일이다. 어느 해인가 몇 개체를 발견했으나 개화 시기를 놓쳐서 그 이듬해 꽃 피는 시기를 앞두고 찾아갔더니 다른 식물들만 무성하고 큰꽃으아리는 찾을 수가 없었다. 추측건대 주변의 수풀이 무성해지면서 생존경쟁에서 밀려나는 듯했다.

요즘 정원이나 화단에서 흔히 '클레매티스'라고 부르는 덩굴식물을 드물지 않게 볼 수 있다. 원래 '클레매티스'는 으아리속을 일컫는 속명으로, 사위질빵과 으아리붙이, 여러 가지 종덩굴, 병조희풀 등 수십 종의 덩굴식물을 아우르는 이름이나 화초를 기르는 사람들에게는 하나의 꽃 이름으로 자리 잡은 듯하다. 그 '클레매티스'가 바로 큰꽃으아리와 가장 비슷한 이국종인데, 큰꽃으아리에 비해 꽃이 약간 작으면서 오래 가고 다양한 색상의 변종들이 육종되어서 화단을 가꾸는 사람들에게 사랑받고 있다.

나는 늘 '조물주의 작품 중에 실패작이 없다'는 생각을 하지만 큰꽃으아리를 대할 때만은 약간의 회의를 품지 않을 수 없었다. 이 식물은 창조주가 축복하고 당부한 '번성하라'는 기본적인 명제에 미치지 못하는 것이다. 꽃을 피우고 나서 한나절도 그 모습을 지키지 못해 보는 마음을 안타깝게 한다. 지극한 아름다움은 결코 길지 못하다는 가르침이라도 주려 했을까. 아무리 생각해도 큰꽃으아리는 아름다운 실패작이다.

# 개버무리에 대한 창작 동화

**개버무리** *Clematis serratifolia* Rehder

주로 경북, 강원 이북의 하천변에서 자라는 미나리아재비과의 갈잎덩굴식물.
길이 3~4m 정도의 덩굴을 뻗으며 바닥을 기거나 다른 식물을 감고 오른다.
7~9월에 잎겨드랑이에서 지름 3cm 정도의 연한 황색 꽃이 1~3개 달린다.

개버무리라는 재미있는 이름을 가진 식물이 있다. 이 이름을 구성하고 있는 '개'와 '버무리'는 달리 해석할 여지가 없이 의미가 분명하다. 대체로 꽃 이름 앞에 들어가는 '개'는 어떤 종에 비해 형질이나 효능이 못하다는 뜻이고 '버무리'는 여러 가지를 한데 뒤섞어서 만든 음식을 지칭하는 말이다. 그런데 개와 음식을 버무림으로써 아주 난해한 식물 이름이 된 것이다.

식물에 관한 많은 책을 쓰고 국립수목원장까지 지낸 박사님도 도무지 뜻 모를 이름이라고 했다. 여러 호사가들이 저마다 풀이에 도전했지만 아직까지 그럴듯한 설이 나오지 않았다. 개버무리의 씨앗 뭉치가 삽살개를 빼닮았다는 데까지는 어느 정도 공감대가 이루어진 듯하다. 개버무리의 '개'가 삽살개라는 추측은 형질이 못할 경우에 쓰는 '개'와는 다른 것이다. 버무리는 이 덩굴식물이 아무데나 널브러져서 덩굴과 꽃과 잎과 씨앗이 뒤죽박죽 버무려진 듯이 자라는 모습일 거라고 좀 억지스러운 풀이들을 한다. 아무튼 개버무리에 대한 이름 풀이는 이 정도에서 더 좋은 모범답안이 나오지는 못했다.

시원한 유래설을 찾지 못하다 보니 어느 꽃벗이 개버무리에 관한 동화 같은 이야기를 지어냈다.

> 조물주가 가을꽃들을 만들던 날 물매화, 구절초, 쑥부쟁이, 용담, 투구꽃 등등을 만들었다. 그리고 남은 자투리가 아까워 잘 버무렸는데 뭔가 부족한 듯 어설픈 꽃이 만들어졌다. 꽃이 곱기는 해도 당나귀 귀처럼 비례가 어색해보였는데 아까워서 버리지는 못하고, '개'라는 접두어를 붙여서 잘못 버무린 꽃이라는 뜻으로 '개버무리'라고 이름을 지었다. 그래서 개버무리는 제 이름에 불만을 품고 일부러 여기저기 마구 널브러져서 피게 되었다.

개버무리의 어설픈 이름풀이 보다는 이 재치 있는 창작 유래설이 훨씬 마음에 든다. 이 친구의 말과 글은 평소에도 여러 동호인들로부터 공감을 얻었고 좌중을 즐겁게 했다. 이런 재미난 이야기를 나누며 꽃벗들과 함께하는 야생화 탐사는 언제나 웃음꽃이 핀다.

# 노박덩굴 이름의 유래

**노박덩굴** *Celastrus orbiculatus* Thunb.

다른 나무를 감거나 바위를 타고 10m 이상 줄기를 뻗는 갈잎덩굴나무. 암수딴그루로 5~6월에 잎겨드랑이에서 암꽃은 1~4개, 수꽃은 1~7개가 달린다. 열매는 가을에 노랗게 익어 3갈래로 갈라지며 종자는 빨간 가종피에 싸여 있다.

노박덩굴은 꽃들이 거의 사라지는 계절에 꽃보다 화려한 열매를 자랑한다. 오래 묵은 덩굴은 높은 나무나 절벽을 거대한 크리스마스트리처럼 아름답게 장식한다. 속명 Celastrus의 유래는 고대 그리스의 테오프라스토스(Theophrastus, B.C. 371~287)가 유럽호랑가시나무(*Ilex aquifolium* L.)에 붙인 kelastros라는 이름에서 전용된 것으로 노박덩굴속을 일컫는다고 한다(한국 식물 이름의 유래, 조민제 외 5). 산천초목이 퇴색한 한겨울에 홀로 화려한 열매로 눈길을 끄는 노박덩굴이, 가시와 붉은 열매로 크리스마스를 장식하는 호랑가시나무의 옛 이름을 속명으로 쓰는 건 꽤 그럴듯해 보인다.

우리 이름 노박덩굴의 유래는 아버지가 부르던 옛 이름에서 실마리를 찾았다. 아흔을 바라보시는 아버지와 숙부는 산골에서 평생 나무와 불가분의 삶을 살아오셨기 때문에 나는 더 늦기 전에 나무에 얽힌 옛 이야기를 들으려고 고향으로 이주한 터였다. 어느 날 두 분을 모시고 읍내에 가던 길에 높

은 절벽을 타고 오른 노박 덩굴을 만났다. 절벽 아래에 차를 세우고 덩굴의 이름을 물었던 까닭은 '노박'의 유래를 짐작할 만한 단서를 기대했기 때문이었다. 아버지는 '노파위덩굴', 숙부는 '노파우덤불'이라고 했다. 마침 그 자리가 높은 절벽 아래여서 그 발음이 '높바우'나 '높바위'로도 들렸다. 그렇다면 '높은 바위를 타고 오르는 덩굴'이라는 의미로 받아들일 수도 있겠다는 생각이 스쳤다.

집으로 돌아와 여러 자료를 검색해 보니 역시나 그럴 개연성이 높았다. 무엇보다도 『조선식물향명집』에서 '노박덩굴'과 '놉방구덩굴'을 병기하고 있었다. 방구는 여러 지역에서 바위의 방언으로 쓰이므로 아버지가 부르시던 이름 '노파위덩굴'과 연결된다.

대체로 덩굴식물이 다른 나무나 바위를 기어오르는 건 햇빛을 잘 받으려는 까닭이다. 이런 면에서 노박덩굴은 어느 덩굴식물 못지않은 감고 타고 기어오르기 선수다. 감을 것이 없는 곳에서는 이리저리 줄기를 휘면서 자라다가 지지할 물체나 나무가 있으면 유연하면서도 야무지게 감으며 아주 높은 곳까지 거뜬하게 타고 오른다.

노박덩굴과 구분하기가 어려울 정도로 비슷한 근연종으로 푼지나무가 있다. 푼지나무는 덩굴성이기는 해도 줄기가 어떤 것을 감지 않는 대신에 달라붙는 기근을 내어 다른 나무나 물체를 타고 오르는 차이가 있다. 엄연히 덩굴성이지만 감지는 않아서 '덩굴' 대신 '나무'로 부르는 듯하다.

## 푼지나무 *Celastrus flagellaris* Rupr.

줄기에서 기근이 나와 다른 나무나 바위를 타고 10m 이상 자란다. 노박덩굴과 아주 비슷하지만 어린가지에 갈고리 같은 가시가 있다. 열매 껍질이 노박덩굴과 같은 노란색이었다가 녹백색으로 퇴색한다.

열매

암꽃차례(왼쪽)와 수꽃차례(오른쪽)

# 숲속의 관현악단 등칡

**등칡** *Aristolochia manshuriensis* Kom.

산지 계곡이나 너덜지대에서 자라며 10m 정도 덩굴을 뻗는다. 4~5월에 잎겨드랑이에 길이 5cm 정도의 양성화가 1~2개 달린다. 강원도와 경기도, 영남지방의 산지에 드물게 분포하는 편이다.

신록이 짙어갈 무렵 벗들과의 꽃나들이 길에 처음 보는 덩굴을 만났다. 계곡 비탈에 넓게 펼쳐진 덩굴은 색소폰처럼 꼬부라진 꽃을 무수히 달고 있어서 대규모 관현악단처럼 보였다. 그 덩굴은 등칡이었는데 꽃벗들과 함께하지 않았더라면 이름조차 모르는 채로 돌아올 뻔했다.

등칡이라는 이름으로만 보면 칡의 친척뻘쯤 되는 식물처럼 여겨진다. 줄기는 등나무와 비슷하고 전체적인 모습은 칡과 닮았으나 등나무나 칡은 콩과에 속하고 등칡은 쥐방울덩굴과이다. 등칡은 여러해살이풀인 쥐방울덩굴을 뻥튀기한 모양의 덩굴나무다.

이듬해 봄에 다시 그곳을 찾았던 건 등칡의 관현악단을 다시 보고 싶어서였다. 어쩌면 멋진 연주회가 될지도 모른다는 기대감도 있었다. 오월의 숲길에서는 새소리 바람소리 물소리가 봄을 연주하고 있

등칡과 사향제비나비

었다. 나는 그 앞 너럭바위에 앉아 자연의 합주곡에 상상의 색소폰 소리를 얹었다. 어디선가 연미복 차림의 사향제비나비가 날아와 나풀거리며 악단을 지휘하고 있었다. 그야말로 지휘자까지 갖춘 훌륭한 오케스트라였다.

사향제비나비의 등장과 함께 한 가지 흥미로운 현상이 머리를 스쳤다. 쥐방울덩굴과 식물들의 잎에는 모두 나비들이 알을 낳고 애벌레가 그 잎을 먹으며 자라는 점이다. 족도리풀에는 애호랑나비, 쥐방울덩굴에는 꼬리명주나비, 등칡에는 사향제비나비가 주로 산란을 한다. 이들 나비들도 모두 호랑나비과에 속하는 친척뻘이다. 연구에 의하면 애벌레들은 이 식물의 잎에서 천적으로부터 자신을 보호할 수 있는 일종의 독성분을 섭취한다고 한다.

정작 나비가 되어서는 어떤 보답을 하는 것 같지는 않고 이 식물들의 꽃에는 대개 파리 종류들이 들어가서 수분을 한다. 색소폰을 닮은 등칡의 꽃은 사실 아름다운 음악을 연주하는 것이 아니라 어떤 냄새나 색깔로 파리를 불러들이고, U자 모양으로 꼬부라진 화관 안에서는 미끄러운 액체를 분비해서 파리를 가두고 탈출하기 위한 몸부림을 통해 수분을 하려는 구조로 되어 있다. 생각이 거기에 미치자 아쉽게도 등칡 오케스트라의 환상도 사라져버렸다.

# 미역처럼 자라는 미역줄나무

**미역줄나무** *Tripterygium regelii* Sprague & Takeda

전국의 높은 산지에 분포하며 반덩굴성으로 자라는 노박덩굴과의 갈잎떨기나무.
수꽃양성화한그루로 6~7월에 원뿔모양꽃차례에 지름 5mm 정도의 꽃이 달린다.
열매의 길이는 1cm 정도이고 3개의 넓은 날개가 있으며 가을에 붉게 익는다.

미역줄나무는 평범한 덩굴 같지만 자세히 볼수록 흥미로운 식물이다. 미역줄나무는 곧고 길게 줄기를 뻗어 휘청거리다가 제 몸을 가누기 어려울 때쯤 적당한 주변 나무를 감아 자세를 고정시킨다. 다시 말하자면 아랫부분이 여느 떨기나무처럼 곧은 줄기로 되어 있고 높이 올라간 줄기는 부드럽게 휘어지거나 감기는 덩굴이 되는 반덩굴성 식물이다.

옛사람들은 이 나무의 긴 줄기가 산자락에서 건들거리는 모습에서 바닷속에서 미역 줄기가 너울거리는 모습을 떠올렸을 수도 있겠다. 미역줄나무는 칡넝

쿨처럼 닥치는 대로 휘감고 얽히고설키는 염치없는 덩굴이 아니라 점잖게 줄기를 뻗으면서 하나의 개체가 큰 덤불을 이룬다.

원뿔 모양에 자잘한 하얀 꽃들이 피는 꽃차례 역시 눈여겨볼 만하다. 수꽃양성화한그루인 이 식물은 한 떨기의 꽃차례에 수꽃과 양성화가 동시에 피는데 수꽃에도 꽃가루받이 기능이 없는 퇴화된 암술대가 있어서 두 종류의 꽃을 구분하기는 어렵다. 양성화는 결실기에 중간 중간에서 열매가 자라 나와야 비로소 존재를 드러낸다. 그러므로 꽃차례는 시든 수꽃들 사이에서 듬성듬성 열매가 드러나는 독특한 모습의 열매차례가 된다.

열매는 연두색에서 분홍색으로 변하다가 나중에 빨간색이 되는데 실제로 그렇게 아름다운 색의 변화를 연출하는 부분은 껍질에 붙은 세 개의 날개다. 이

세 개의 넓적한 날개는 마치 화살의 꼬리에 붙은 깃처럼 생겼다. 미역줄나무의 속명 Tripterygium은 이러한 열매의 모양에서 붙여진 이름으로 그리스어로 숫자 3을 뜻하는 tria와 작은 날개를 뜻하는 pterygion의 합성어다.

이 나무가 그리 귀한 건 아니지만 대체로 높고 깊은 산에서 자라기 때문에 나지막한 산으로 둘러싸인 산골에서 어린 시절을 보낼 때는 한 번도 만나지 못했다. 대신 고향이 바다와 가까운 산골이어서 미역은 실컷 먹고 자랐다. 옛날에는 가공되지 않은 통미역을 사면 아랫부분에 미역귀가 붙어 왔다. 우리는 미역꼬다리라고 불렀다. 조리법이 그리 다양하지 못했던 그 시절에 미역꼬다리는 아이들의 간식거리였다. 딱딱하고 짜디짜서 조금씩 뜯어서 입에서 녹여 먹는 데 한나절은 걸렸다. 지금 생각해보니 꽤 괜찮은 영양제였고 보약이었다.

©박해정

# 고향에는 찔레꽃이 핀다

**찔레꽃** *Rosa multiflora* Thunb.

전국의 마을 주변이나 낮은 산지에서 2~4m 정도 자라는 갈잎덩굴성나무. 5~6월에 가지 끝에서 지름 3cm 정도의 흰색이나 연분홍색 꽃이 모여 핀다.

'아버지, 시골이 있다는 게 참 좋은 것 같아요.'

명절에 내 고향에 내려온 아들이 한 말이다. 틀린 말은 아니지만 '고향이 있어서 좋다'고 말하지 못하는 아들이 참 안쓰러웠다. 아들은 태어나자마자 직업군인인 나의 근무지를 따라 여러 지방으로 이사를 다녔기 때문에 고향이 없다.

고향은 자신이 태어나서 자란 곳이고 조상 대대로 살아온 터전이라면 의미가 더 깊다. 그리하여 마음속 깊이 간직한 그립고 정든 곳이 되었을 때 비로소 고향의 의미가 완성된다. 아들이 그렇듯이 산업화와 도시화 시대 이후에 태어난 세대는 고향이 없는 사람이 많다. 그들의 기억 창고에는 찔레꽃이 봄마다 소박하게 피는 풍경이 없다. 배고픈 시절 봄에 돋아나는 찔레순을 벗길 때 물기와 함께 터져 나오던 상큼한 향기와 보드랍게 씹히던 감각하며 입안에 맴돌던 달짝지근한 맛의 추억이 없는 것이다.

1941년에 백난아가 불렀던 국민가요 '찔레꽃'도 '찔레꽃 붉게 피는 남쪽 나라 내 고향'으로 시작한다. 찔레꽃은 대개 흰색이지만 작사자의 고향에서는 붉게 피는 찔레꽃이 많았던 모양이다. 혹자는 해당화를 홍찔레로 부르는 지방이 있다고도 하고 드물지만 분홍색 찔레였을 거라는 추측도 한다. 색깔이야 어떠하든 한국인의 정서 속에서 고향과 찔레꽃은 바늘과 실처럼 연결되어 있다. 모르기는 해도 우리나라 방방곡곡에 찔레꽃이 피지 않는 마을은 없을 것 같다.

도시에서 태어나 평생을 살아온 사람에게는 그곳이 고향이기는 하지만 우리나라의 도시는 변하지 않은 곳이 드물다 보니 그립고 애틋한 그 무엇이 없다. 사람들의 이주도 빈번하여 끈끈한 유대로 이어진 일가친척이나 친구도 거의 없을 것이다. 지나친 표현일는지는 몰라도 찔레꽃이 피지 않는 곳은 도무지 고향답지가 않다.

우리가 사는 시대는 도시뿐만 아니라 두메산골의 모습도 여러 번 바뀌었다. 초가집이며 동네 우물, 징검다리, 물레방아, 송아지 울음소리처럼 수많은 정겨운 것들이 사라져 갔고 어릴 적 타고 오르던 큰 나무들도 많이 없어졌다. 찔레꽃은 수십 년 세월이 흘러도 그 모습 그대로 피고 진다. 거목은 늙어 쓰러지지만 찔레 덩굴은 언제나 한결같은 모습을 유지하는 특별한 비결이라도 있는 듯하다.

# 나무딸기 공부하기

**산딸기** *Rubus crataegifolius* Bunge

전국의 양지바른 산야에서 1~2m 높이로 자라는 장미과의 갈잎떨기나무.
잎은 손바닥 모양으로 얕게 3~5갈래로 갈라지며 새가지의 잎은 폭이 좁다.
5월에 지름 1.5cm 정도의 꽃이 피며 꽃잎이 좁고 꽃잎 사이는 넓다.

야생의 딸기는 뱀딸기 같은 두어 가지 초본(草本)을 빼고는 대다수가 나무로 분류된다. 식물에 관심이 없었을 때는 그냥 산딸기로만 불렀었는데 알고 보니 나무딸기속(Rubus)으로 분류되는 딸기가 스무 가지나 되었다. 한 속에 그렇게 많은 종이 있을 때는 그들을 분별해서 제 이름을 불러주기가 여간 어렵지 않다.

이러한 경우에 내가 종종 쓰는 수법은 우선 뚜렷하게 구별할 수 있는 그룹으로 묶어보는 것이다. 나무딸기속은 일단 분포 지역을 기준으로 크게 나누어보기가 쉬웠다. 여러 나무딸기들 중 절반이 넘는 종류가 남해안과 제주도에서만 볼 수 있는 것들이다. 이처럼 따뜻한 지방에서 자라는 딸기들은 가장 흔히 볼 수 있는 장딸기를 비롯해서 거문딸기, 거지딸기, 가시딸기 등등 열 가지 정도나 되는데, 이들은 이태 전에 출간한 남녘의 나무 이야기를 쓴 책에서 다룬 적이 있다.

온난한 지역에서 자라는 딸기들을 빼고 나면 내륙의 산에서 만날 수 있는 나무딸기는 예닐곱 종인데, 그들은 형태적 차이가 뚜렷해서 다음과 같이 간략하게 정리할 수 있었다.

◦ 산딸기 : 흰 꽃에 손바닥 모양으로 얕게 갈라지는 홑잎이다.
◦ 멍석딸기 : 분홍색 꽃에 3~5장의 끝이 둥근 작은잎을 단 겹잎이다.
◦ 멍덕딸기 : 흰 꽃에 3~5장의 끝이 뾰족한 작은잎을 단 겹잎이다.
◦ 곰딸기 : 줄기에 붉은 가시가 촘촘하며 붉은가시딸기라고도 한다.
◦ 줄딸기 : 분홍색 꽃이 줄지어 달리며 작은잎 5~7장의 겹잎이다.
◦ 복분자딸기 : 분홍색 꽃에 작은잎 5~7장의 겹잎이며, 줄기가 희다.
◦ 수리딸기 : 흰 꽃에 잎은 끝이 뾰족하고 길쭉한 홑잎이다.

비록 종류는 많아도 나무딸기속 공부는 의외로 간단해서 머릿속이 명료해졌다. 차일피일 게으름을 부리면서 미루어 놓은 것을 마음을 다잡고 달려들어 정리를 하고 보니 그렇게 후련할 수가 없었다.

논어 첫머리에 나오는 '학이시습지 불역열호아(學而時習之 不亦說乎)'를 실감할 정도였다. 고등학교 교과서에서 처음 접했던 이 구절은 공부 열심히 하라는 면학의 말씀으로만 흘려들었었다. 그저 입시를 위해 공부해야만 했던 그 시절에 어찌 그 심오한 뜻을 짐작이나 할 수 있었으랴. 식물 이름을 하나하나 알아가는 재미에 빠져든 요즘에야 그 깊은 뜻을 헤아릴 듯도 하다.

### 멍석딸기

*Rubus parvifolius* L.

전국의 산야에서 1~2m 높이로 자라며 잎은 작은잎 3장 혹은 5장을 단 겹잎이다. 5~6월에 지름 1cm 정도의 꽃이 몇 개씩 모여 달리고 열매는 6~8월에 익는다. 줄기가 땅을 기며 멍석처럼 넓게 퍼져서 자라므로 붙은 이름이다.

### 멍덕딸기

*Rubus idaeus* L. var. *microphyllus* Turcz.

태백산, 설악산 등의 높은 산지 능선이나 바위지대에서 0.5~2m 높이로 자란다. 잎은 3장 또는 5장의 작은잎으로 된 겹잎이고 끝이 뾰족하고 뒷면이 희다. 6~7월에 지름 1cm 정도의 흰 꽃이 모여 피고 꽃받침조각에 가시털이 촘촘하다.

### 곰딸기

*Rubus phoenicolasius* Maxim.

전국의 산야에서 1~3m 높이로 자라며 잎은 3장 또는 5장의 작은잎을 단 겹잎이다. 줄기, 잎, 꽃받침 조각에 붉은색의 긴 샘털이 밀생하여 붉은가시딸기라고도 한다. 5~6월에 가지 끝에서 지름 8mm 정도의 흰색 또는 연한 분홍색의 꽃이 모여 달린다.

### 줄딸기

*Rubus pungens* Cambess.

전국의 산야에 분포하며 1~3m 정도 줄기를 줄기를 뻗으면서 비스듬히 자란다. 잎은 5~7개의 작은잎으로 이루어진 겹잎이고 잎줄기에 잔가시가 있다. 4~5월에 짧은가지 끝에서 연한 분홍색의 꽃이 줄지어 달린다.

복분자딸기

*Rubus coreanus* Miq.

전국의 산야에 분포하나 남부지역에 보다 흔히 자란다. 줄기를 1~3m 뻗으며, 잎은 5~7개의 작은잎으로 된 겹잎이다. 5~6월에 가지 끝에서 지름 5cm 정도의 편평꽃차례로 꽃이 핀다. 열매는 7~8월에 지름 8mm 정도로 검게 익는다.

수리딸기

*Rubus corchorifolius* L. f.

중부 이남의 산지에 분포하고, 줄기는 1~3m 정도, 잎은 좁고 끝이 뾰족하다. 4~5월에 묵은 가지 끝에서 지름 2cm 정도의 꽃이 아래를 향해 핀다. 열매는 지름 1~1.5cm 정도로 5~6월에 다홍색으로 익는다.

# 착한 덩굴 담쟁이덩굴

**담쟁이덩굴** *Parthenocissus tricuspidata* (Siebold & Zucc.) Planch.

바위, 돌담, 나무 등을 타고 10m 이상 줄기를 뻗는 포도과의 갈잎덩굴나무.
짧은가지의 잎은 보통 세 갈래로 갈라지며 긴가지의 잎은 작고 갈라지지 않는다.
5~6월에 짧은가지에서 나온 꽃차례에 지름 2mm 정도의 연한 녹색 꽃이 핀다.

벽돌로 지은 단독주택에 살 때 집에 담쟁이덩굴을 붙이면 어떨까 하는 생각을 했다. 마침 인근에 담쟁이로 예쁘게 장식한 집이 있어서 어떻게 심고 가꾸는지, 가옥에 해가 되지는 않는지 물어보았다. 담쟁이덩굴은 바위나 돌담을 타고 오를 때 빨판 같은 기근을 내어 줄기를 고정하므로 건물에 전혀 피해를 주지 않고 여름에는 외벽이 받는 열기를 차단하는 효과가 좋다는 답변을 들었다.

건물들이 담쟁이덩굴로 덮여 있어 '아이비리그'라고 불리는 미국 동부의 명문 대학들을 보더라도 담쟁이덩굴은 건물에 무해한 식물임이 이미 오래전에 증명된 셈이다. 연세대학교의 중심에 자리 잡은 연희관과 그 앞의 언더우드관도 백 년쯤 된 담쟁이덩굴이 감싸고 있어서 건물의 역사성과 미관을 더해준다. 그 담쟁이는 줄기 지름이 반 뼘이 넘고 수십 미터를 뻗어나간 실로 어마어마한 덩굴이다.

목숨 수(壽)자를 그린 담쟁이덩굴

담쟁이덩굴로 건물을 장식하면 여러 가지로 좋은 점이 있기는 해도 단 한 가지 문제가 있다고들 했다. 쥐들이 덩굴을 타고 자주 실내나 천장으로 들어와 골치가 아프다는 이야기였다. 쥐의 침입도 성가시겠거니와 내가

연세대 연희관을 덮은 담쟁이덩굴

오래 살 집도 아니어서 담쟁이 심기를 단념하고 말았다.

담쟁이덩굴은 그 이름처럼 돌담과 건물의 외벽이나 암벽타기를 전문으로 하는 식물이지만 오래된 거목들을 타고 자라는 모습도 흔히 볼 수 있다. 그러나 여느 덩굴식물처럼 다른 나무의 잎을 통째로 뒤덮어서 고사시키는 경우는 없고 오직 줄기에만 기근을 내어 타고 올라가는 착한 덩굴이다.

어느 가을날 산길을 가다가 바위에 붙어 빨갛게 단풍이 든 담쟁이를 만났다. 기이하게도 그 줄기를 뻗은 모습이 목숨 수(壽)자를 수놓은 듯했다. 그렇지 않아도 착한 덩굴이 만수무강(萬壽無疆)까지 빌어주니 더욱 기특했다. 그 담쟁이가 그린 '목숨 수'자를 보니 오 헨리의 단편 '마지막 잎새'에서 주인공의 친구로 등장하는 수(Sue)에게로까지 생각이 미쳤다.

베어먼(Behrman)이 목숨을 바쳐 그렸고, 존시(Johnsy)는 덕분에 목숨을 건졌던 '마지막 잎새'도 담쟁이덩굴의 잎이었다. 존시의 친구 수(Sue)는 그 담쟁이 잎이 노화가의 가장 위대한 걸작이었다고 말했다. 그 마지막 잎새가 우리가 자주 보는 담쟁이덩굴인지 미국담쟁이덩굴인지는 알 수가 없다. 미국담쟁이는 조경용 식물로 우리나라에도 도입되어 요즘은 흔히 볼 수 있는 편이다.

### 미국담쟁이덩굴

*Parthenocissus quinquefolia* (L.) Planch.

조경용으로 도입되어 식재되며 10m 이상 덩굴을 뻗는 갈잎나무.
담쟁이덩굴에 비해 덩굴손의 끝이 흡착판으로 발달하지 않는다.
담쟁이덩굴의 홑잎과 달리 다섯 장의 작은잎이 달린 겹잎이다.

# 청산별곡의 주인공 머루와 다래

**왕머루** *Vitis amurensis* Rupr.

전국의 산지에 분포하는 포도과의 갈잎덩굴나무로 10m 이상 줄기를 뻗는다. 수꽃그루와 양성화가 피는 개체가 있으며 6~7월에 원뿔모양꽃차례로 꽃이 핀다. **머루**(*V. coignetiae*)는 울릉도, 서남해안의 섬, 제주도의 숲 가장자리에 분포하고, 잎 뒷면과 줄기, 꽃차례의 줄기에 거미줄 같은 연한 갈색 털이 밀생한다.

살어리 살어리랏다 靑山애 살어리랏다
멀위랑 다래랑 먹고 靑山애 살어리랏다
얄리얄리 얄랑셩 얄라리 얄라

고려 가요 청산별곡의 첫머리다. 노래의 주제이자 배경이 되는 청산은 아무도 살지 않는 깊고 깊은 산중이다. 그런 산에서는 나물, 열매, 버섯 같은 여러 가지의 먹을거리를 얻을 수 있겠지만 그중에 멀위와 다래가 그 모든 산중 먹거리의 대표로 등장해서 노래의 키워드가 되었다. 고려 사람들은 머루를 멀위라고 불렀던 모양이다.

그런데 깊은 산골이라고 해서 머루 다래를 무진장 먹을 수 있는 것도 아니다. 산 역시 식물들의 생존경쟁이 치열한 곳이기 때문에 한두 가지 식물만 번성할 수가 없다. 나의 고향도 첩첩산중 청산 속에 있고 드문드문 머루나 다래 덩굴이 자라기는 해도 농촌 인구가 많았던 옛날에는 주변의 산에서 나는 열매가 그 많은 입들을 감당하지 못했다.

아이들은 머루가 단맛이 들기도 전에 시큼한 것을 따먹었다. 그것이 다 익을 때까지 기다리다가는 쥐도 새도 모르게 없어지기 일쑤였고, 어린 시절을 산골에서 보냈지만 한 번도 제대로 익은 머루를 맛본 적이 없다. 신기하게도 50년 전에 노심초사하며 열매 익기를 기다렸던 앞산의 머루가 지금도 풍성한 열매를 맺고 있었다.

정말 놀라운 건 그때 보았던 줄기의 굵기와 길이가 변함이 없는 것이었다. 짐작건대 덩굴이 어느 정도 성장하면 묵은 줄기는 도태되고 새로운 줄기가 다시 자라서 오랜 세월이 흘러도 늘 같은 모습을 유지하는 듯했다. 십 년이면 강산도 변한다는데 그것이 다섯 번이나 변할 세월 동안 그 자리 그 모습 그대로인 머루 덩굴이 신기할 따름이었다. 그때 친구들이 대부분 외지로 나가고 마을에서 아이들 소리가 사라진 지 오랜 지금 앞산에 주렁주렁 익어가는 머루는 산새들과 나만이 나누어 먹게 되었다.

청산별곡을 한 번 더 음미해보면 청산의 주인은 사람이 아닌 머루와 다래다. 이 노래를 부르는 사람은 청산의 삶을 그리워할 뿐 몸은 심란한 현실에 붙들려 있다. 청산에서 근심 걱정 없이 팔자 좋게 살고 있는 것은 머루와 다래일 뿐이다.

### 까마귀머루

*Vitis ficifolia* var. *sinuata* (Regel) H. Hara

안면도와 남부지방의 숲 가장자리나 돌담에서 다른 나무나 바위를 타고 자란다. 잎가장자리가 보통 3갈래로 깊게 갈라지며 표면의 털은 차츰 없어져 광택이 난다. 수꽃양성화딴그루로 5~7월에 꽃이 피고 열매는 9~10월에 검게 익는다.

### 새머루

*Vitis flexuosa* Thunb.

중부 이남의 산야에서 다른 나무를 타고 10m 이상 줄기를 뻗는다. 잎이 갈라지지 않으며 밑부분이 거의 편평하고 끝이 뾰족하다. 수꽃양성화딴그루로 5~6월에 꽃이 피고 열매는 8~9월에 검게 익는다.

### 개머루

*Ampelopsis heterophylla* (Thunb.) Siebold & Zucc.

전국의 숲 가장자리나 민가 주변에서 작은 나무나 바위를 타고 자란다. 잎 끝이 3~5갈래로 얕게 또는 깊게 갈라지며 밑부분은 심장형이다. 7~8월에 황록색 양성화가 피고 열매는 9~11월에 자주색, 청색으로 익는다.

# 다래순은 흔해도 다래는 귀하다

**다래** *Actinidia arguta* (Siebold & Zucc.) Planch. ex Miq.

전국의 산지에서 자라며 10m 이상 줄기를 뻗는 다래나무과의 갈잎덩굴나무. 수꽃양성화딴그루로 5~6월에 지름 1.5cm 정도의 꽃이 1~7개씩 모여 달린다. 열매는 길이 2cm 정도의 길쭉한 구형이고 9~10월에 녹황색으로 익는다.

다래는 수천 년 동안 다래로 불러왔을 것 같다. 열매가 달아서 '달애'라고 부르다가 다래가 되었다고 한다. 어쩌면 열매가 주렁주렁 달려서 '달리다'를 어원으로 하고 있는지도 모를 일이다. 아무튼 원시시대부터 같은 이름이었을 듯한 '다래'는 순수한 우리말 이름임에는 틀림이 없다.

다래는 어느 산에서나 흔히 볼 수 있는 덩굴나무다. 예로부터 봄에 무성하게 돋아나는 순으로 나물로 무쳐먹었고 데치고 말려서 겨울에 묵나물로도 즐겨 먹었다. 다래순은 맛있는 나물이기도 한 데다가 위장기능이나 대사기능 등등 여러 모로 몸에 이로운 효능이 있다고 한다. 그 약리작용에 대해서는 한마디 할 주제가 못 되지만 다래덩굴의 왕성한 생명력을 보면 겨우내 신선한 야채가 부족했던 몸에 활력을 충전해주기에 충분할 듯하다.

다래순은 쉽게 채취할 수 있으나 다래 열매를 만나는 건 의외로 쉽지 않다. 지난 몇 해 동안 다래를 따러 다니면서 열매가 달린 덩굴을 본 건 백여 개체 중에 한두 개가 있을까 말까하는 정도였다. 수꽃양성화딴그루식물인 다래가 열매를 맺을 수 있는 양성화그루보다 수그루가 훨씬 많아서 그런 현상이 나타나는 것인지, 지나치게 울창한 숲에서 더 번식할 공간이 없어서 의도적으로 열매를 맺지 않는 건지는 답을 찾을 수가 없었다.

그렇게 귀한 다래였기에 어린 시절을 산골에서 보냈지만 실컷 먹어보질 못했다. 다래 열매는 맛이 들기 전에 사라지기 일쑤여서 익기 전에 미리 따야만 했다. 산새나 짐승들이 따먹는지 부지런한 아이들이 먼저 따 가는지 끝내 알 수가 없었다.

익지 않아서 땡땡한 다래를 방바닥에 널어놓으면 말랑말랑해지면서 달콤해졌다. 집 안에도 호시탐탐 다래를 노리는 경쟁자가 많았다. 집집마다 아이들 예닐곱은 보통이었으니 제대로 익을 때를 기다리다가는 차례가 돌아오지 않았다. 하루에도 몇 번씩 조물락거리다가 약간이라도 물러지는 느낌이 드는 것부터 더 세게 주물러서 먹었다. 억지로 무르게 만든 다래 열매는 달지 않고 새콤하고 아리기만 했다.

제대로 익은 다래의 맛은 요즘 쉽게 살 수 있는 키위의 맛과 아주 비슷하다. 다래는 토종 키위인 셈이다. 제주도에서 드물게 볼 수 있는 섬다래의 열매는 크기만 작을 뿐 모양과 색깔은 키위와 흡사하다. 맛이 궁금했으나 너무 높은 곳에 달려서 따먹을 엄두를 내지 못했다. 지금도 키위를 먹을 때는 그 옛날의 다래 맛이 더 그립다.

### 개다래 *Actinidia polygama* (Siebold & Zucc.) Planch. ex Maxim.

전국의 산지 계곡이나 하천 사면에서 10m 정도 덩굴을 뻗으며 자란다.
개화기에는 꽃이 달리는 줄기 끝부분의 잎이 흰색으로 변한다.
수꽃양성화딴그루로 6~7월에 지름 2cm 정도의 꽃이 피고 향기가 있다.
열매는 길이 2cm 정도로 끝이 뾰족하고, 주황색으로 익으며 매운 맛이 난다.

### 쥐다래

*Actinidia kolomikta* (Maxim. & Rupr.) Maxim.

개다래와 비슷한 생태환경에서 자라며 모든 면에서 큰 차이가 없다. 개다래처럼 흰색으로 잎이 변했다가 나중에 분홍색으로 변한다. 줄기 단면의 수(髓)가 갈색 계단 모양이고 열매 끝이 뭉툭하다.

### 섬다래

*Actinidia rufa* (Siebold & Zucc.) Planch. ex Miq.

남해안의 섬들과 제주도에서 드물게 자라며 10m 이상 덩굴을 뻗는다. 수꽃양성화딴그루로 6월에 지름 1.5cm 정도의 꽃이 잎겨드랑이에서 핀다. 열매는 길이 3~4cm의 길쭉한 구형으로 색깔과 모양이 키위와 비슷하다.

# 칡에게도 생각이 있나 보다

**칡** *Pueraria lobata* (Willd.) Ohwi

전국의 산야에 분포하는 콩과의 갈잎덩굴나무로 10m 이상 줄기를 뻗는다.
7~8월에 잎겨드랑이에서 한 뼘 정도의 꽃차례가 나와 아래서 위로 꽃이 핀다.
열매는 길이 4~9cm의 납작한 콩꼬투리 모양이고 9~10월에 익는다.

칡은 이미 온 나라 산과 들을 덮어 공공의 적이 된 지 오래다. 칡의 지나친 번식은 농사짓는 사람, 삼림을 관리하는 사람, 송전설비를 관리하는 사람, 전원생활을 하는 사람들에게는 골칫거리고 단순한 나들이를 하는 사람들의 눈에도 거슬린다. 우리나라에서는 칡 제거에 한 해에 150억 원 정도를 쓰고 있으나 시범사업 수준이고, 미국 남부에서는 해마다 5억 달러, 우리 돈으로 6천억 원 이상의 예산을 지출하고 있다고 한다.

그러나 반세기 전만 하더라도 칡은 쓸모가 참 많았던 고마운 식물이었다. 우선 길고 질긴 칡 줄기를 밧줄 대용으로 많이 썼고 삼태기 같은 생활도구를 엮

어 썼다. 흉년에는 칡뿌리를 캐서 양식을 대신했고 한약재로도 요긴하게 썼다. 가축의 먹이나 퇴비의 재료로도 널리 쓰여서 오히려 칡 구하기가 어려울 정도였다. 그 시절에는 토끼를 잡을 때 칡덩굴을 미끼로 썼다. 토끼가 유혹에 넘어갈 정도로 칡이 흔하지는 않았다는 방증이다. 한마디로 칡의 번식력과 인간의 씀씀이가 적절한 균형을 이루던 시절이었다.

근래에 칡꽃을 관찰하러 갔다가 평소에 미처 생각지 못했던 사실을 발견하였다. 칡이 한 골짜기를 완전하게 뒤덮은 곳에서는 거의 모든 개체가 꽃을 피우지 않았고 칡이 별로 없는 공터나 트인 곳에서는 풍성하게 꽃을 피우고 열매를 단 것이었다. 분명 칡에게도 생각이 있는 듯했다. 이미 숲을 완전히 뒤덮은 곳에서 꽃을 피우고 결실을 한들 2세가 설 자리가 없을 것이다.

비단 칡에게서만 그런 현상이 나타나는 것 같지는 않았다. 지나치게 울창한 숲에서는 머루, 다래, 으름 같은 열매를 좀처럼 볼 수가 없었다. 이를테면 다래 덩굴 100여 개체를 살펴 본 중에 열매가 열린 것은 고작 한두 개체뿐이었다. 식물의 세계에서도 더이상 번성할 땅이 없는 곳에서는 출산 조절을 하는 것처럼 보였다.

2021년은 대한민국 역사상 큰 변곡점을 찍는 해가 되었다. 몇 해 전부터 지구상에서 가장 아이를 낳지 않는 나라가 되더니 이 해를 정점으로 드디어 인구가 줄기 시작한 것이다. 이유야 많겠지만 좁은 국토의 제한된 자원과 일자리가 젊은 이들의 삶을 힘겹게 하고 그것이 취업과 내집 마련 그리고 결혼과 출산마저 포기하게 만든 건 아닐까. 대자연의 섭리와 사람 사는 세태가 다르지 않다는 생각이 든다.

# 탁월한 옻 치료제 까마귀밥나무

**까마귀밥나무** *Ribes fasciculatum* Siebold & Zucc.

전국의 낮은 산지에서 1~1.5m 높이로 자라는 까치밥나무과의 갈잎떨기나무.
암수딴그루, 드물게 암수한그루로 4~5월에 지름 5mm 정도의 꽃이 핀다.
열매는 지름 7mm 정도의 구형으로 10~11월에 붉게 익는다.

까마귀밥나무는 그리 귀하지도 흔하지도 않은 나무다. 까치밥나무나 꼬리까치밥나무처럼 비슷한 이름의 나무도 대여섯 종이 더 있는데, 모두 까치밥나무과의 Ribes속으로 꽃과 잎 모양이 비슷하다. 그중에서 까마귀밥나무는 드문드문 볼 수 있으나 다른 나무들은 국내에 꽤 희귀한 편이다.

이들 까마귀와 까치 돌림자를 쓰는 나무들의 공통점이 한 가지 있다. 대부분 빨갛고 탱글탱글한 보석처럼 빛나는 열매를 맺는 것이다. 이 열매들은 작은 앵

두와 같아서 식욕을 자극하지만 맛은 씁쓸하고 떨떠름해서 먹음직스러운 모양에 속았다는 실망을 준다. 아마도 그 배신감에 까마귀나 까치나 먹으라고 붙인 이름이지 싶다. 까마귀밥나무에는 '까마귀밥여름나무'라는 다른 이름이 있는데 여기에 들어간 '여름'의 의미는 계절을 뜻하는 여름이 아니라 열매가 열린다는, 그러니까 '열음'의 의미라고 한다.

까마귀밥나무 열매

북한의 한방치료법을 집대성한 『동의치료경험집성』에는 이 나무에 대한 흥미로운 내용이 있다. 옻나무가 많은 어떤 숲에서 나오는 샘물을 마시거나 그 물에서 목욕을 하면 옻이 오르지 않는데 그 숲을 조사해 보니 옻나무와 까마귀밥나무가 함께 살면서 대부분 서로 뿌리가 엉켜 공생하고 있었다는 것이다.

그러한 현상에 착안해서 북한의 의료연구자들은 까마귀밥나무를 이용한 옻해독법을 정립했다. 임상결과에 의하면 까마귀밥나무의 잎과 줄기를 잘게 썰어서 물을 붓고 달여 먹거나 바르면 대부분 6일 이내에 깨끗이 완치되어 어떤 치료제보다도 빠른 효과를 보았다고 한다. 요즘 우리나라에서는 쉽게 옻을 치료하지만 의료체계가 열악하고 의약품이 부족하다고 알려진 북한의 실정을 고려하면 상당히 효과적인 민간요법으로 여겨진다.

까마귀밥나무에는 칠해목(漆解木)이라는 옛 이름이 있다. 옻의 독을 해독한다는 뜻이니 까마귀밥나무와 옻나무의 관계를 오래전부터 조상들은 알고 있었던 것이다. 칠해목은 약효를 밝히는 이름이고 까마귀밥나무는 아무 쓸모없다는 의미가 들어 있다. 과학문명의 발전이 나무의 이름까지 바꾸어버렸을까.

**꼬리까치밥나무**

*Ribes komarovii* Pojark.

지리산 이북의 산지 능선이나 숲 가장자리에서 1~3m 높이로 자란다. 잎은 3갈래로 얕게 갈라지며 가장자리에 불규칙한 톱니가 있고 아래쪽이 움푹하다. 암수딴그루로 4~5월에 잎이 나면서 곧추서는 총상꽃차례에 5~10개의 꽃이 달린다.

**까막바늘까치밥나무**

*Ribes horridum* Rupr. ex Maxim.

함경북도와 백두산 주변의 높은 산 숲속에서 무릎 높이 정도로 자란다. 황갈색 줄기에 딱딱한 가시가 밀생하고 잎은 5~7갈래로 깊게 갈라진다. 6~7월에 잎겨드랑이에서 긴 총상꽃차례가 나와 4~20개의 꽃이 달린다. 열매는 지름 1cm 정도의 구형이고 8~9월에 검은색으로 익는다.

# 백 리를 간다는 향기는

**백리향** *Thymus quinquecostatus* Celak.

주로 강원, 영남, 제주의 암석지대에서 반 뼘 높이로 자라는 꿀풀과의 갈잎떨기나무.
6~8월에 폭 5mm 정도의 연한 분홍색 또는 흰색의 꽃이 가지 끝에 달린다.
백리향보다 꽃과 잎이 조금 큰 울릉도의 **섬백리향**은 백리향으로 통합되는 추세다.

백리향은 명산 중에서도 손꼽는 한라산, 설악산, 가야산 등의 높은 곳에서 볼 수 있다. 무리 지어 자라는 모양이 예쁘고 향기도 좋아서 정원이나 공원에 흔히 가꾸기도 한다. 꿀풀과의 식물들은 대부분 여러해살이풀인 데 비해 백리향만 유일하게 나무로 분류된다. 그러나 말이 나무이지 성장이 축적되지 않는 줄기만 딱딱한 풀에 가깝다.

백리향은 향기가 백 리나 간다는 이름인데 상당히 과장된 이름이라고 치더라도 그 향기는 여느 허브식물들에 비해서 특별히 진하지 않다. 이 식물의 속명

Thymus가 그리스어로 향기를 뿜다는 뜻인 'thyein'에서 유래되었다고도 하고 신에게 바치는 것이기 때문에 신성하다는 뜻인 'thymo'에서 유래되었다고도 한다. 유럽이나 중국에는 같은 속의 식물 중에 유난히 향기가 짙은 종이 있을는지도 모른다.

백리향처럼 작은 식물이 백 리나 가는 향기를 뿜어내자면 오래지 않아 밑천이 떨어질 게 뻔하다. 다만 큰 무리를 지어 자라기 때문에 그 향기가 멀리 퍼질 수 있을 것이다. 이런 식물의 향기를 제대로 느끼려면 손으로 한번 쓰다듬어서 코에 가까이 하면 된다. 그리하면 그 향기를 손바닥에 간직하고 백 리도 갈 수 있으리라.

항간에 화향백리(花香百里) 주향천리(酒香千里) 인향만리(人香萬里)라는 말이 회자된다. 꽃의 향기는 백 리를 가고 술 향기는 천 리를 가지만 사람의 향기는 만 리까지 미친다는 말이다. 출처를 알 수 없는 이 말은 아무리 멀어도 찾아가 두주불사하는 주당들에게 썩 어울리는 말이다.

나 역시 꽃벗들과 온 나라를 누비고 다녔던 날들이 분명 꽃만 보자고 그리하지는 않았을 터이다. 보고 싶은 꽃이 있으면 천 리 길도 마다 않고 달려갔고 좋은 벗들이 있어 그 길이 멀지 않았다. 염불보다 잿밥이라는 말도 있듯이 으레 곁들이는 한잔 술이 우정을 더 숙성시켰다. 나와 같은 꽃쟁이들에게는 화향(花香)도 천 리고 주향(酒香)도 천 리고 이 나라 땅 동서남북이 천 리 안팎이라 인향(人香) 역시 천 리다.

가야산의 백리향 ©채기수

# 해당화는 창녀로다

**해당화** *Rosa rugosa* Thunb.

전국의 바닷가 모래땅에서 키 높이 정도로 자라는 장미과의 갈잎떨기나무.
5~7월에 가지 끝에 지름 5~8cm의 꽃이 1개 또는 드물게 3개까지 달린다.
열매는 지름 2~2.5cm의 납작한 구형으로 8~9월에 붉은색으로 익는다.

해당화 피고 지는 섬 마을에
철새 따라 찾아온 총각 선생님…

엘레지의 여왕 이미자의 노래 '섬마을 선생님'의 노랫말 시작 부분이다. '섬마을 선생님'은 1960년대 초에 KBS에서 방송했던 라디오 연속극이었다. TV 보유율이 1%에도 미치지 못하던 시절이었고 시골에는 전기도 들어오지 않았으니 라디오 연속극밖에는 즐길거리가 별로 없었다.

그 무렵 고향 마을에는 사십여 가구 중에 두어 집에만 라디오가 있었다. '해~당화 피고 지~는 섬~마을에~'로 시작되는 주제가가 흘러나올 시간이 되면 동네 아낙들은 바느질거리를 들고 라디오 있는 집으로 모여들었다. 남정네들은 연속극이 끝나기를 기다려 라디오를 사랑방으로 옮겨서 뉴스를 들었다.

오랜 세월이 흐른 지금은 줄거리는 다 잊어버리고 해당화 피고 지는 섬마을의 풍경과 철새처럼 왔다간 섬마을 선생님을 사랑한 섬색시가 있었다는 노랫말로만 기억하고 있다. 해당화 꽃의 순도 높은 붉은빛은 열아홉 살 섬색시의 순정을 은유하고 있다. 푸른 바닷가 하얀 모래밭에 피는 붉은 꽃에서는 더욱 애달픈 정서가 느껴진다.

어느 한가한 일요일에 무심코 티브이 채널을 돌리다가 귀를 의심할 만한 노래를 들었다. 우리 전통 가곡인 편삭대엽(編數大葉)이라는 정가(正歌)였다.

> 모란은 화중왕이요 향일화(向日花: 해바라기)는 충신이로다
> 연화(蓮花)는 군자요 행화(杏花: 살구꽃)는 소인이라
> 국화는 은일사(隱逸士: 은둔하는 선비)요 매화는 한사(寒士: 가난한 선비)로다
> 박꽃은 노인이요 석죽화(石竹花: 패랭이꽃)는 소년이라
> 규화(葵花: 접시꽃)는 무당이요 해당화는 창녀로다
> (후략)

해당화가 창녀라니... 순정을 품은 섬색시의 이미지로만 대했던 꽃에 대한 충격적 반전이었다. 정녀(貞女)인가 창녀(娼女)인가 선택을 해야 할 아무런 이유는 없지만 이 상반된 정서를 대하는 마음은 어지간히 혼란스럽다. 사람이거나 꽃이거나 모든 존재에는 지킬과 하이드 같은 양면성이 내재하는 듯하다.

# 한여름 밤의 고마운 벗 더위지기

**더위지기** *Artemisia gmelinii* Weber ex Stechm.

제주도를 제외한 전국의 산야에서 허리 높이 정도로 자라는 국화과의 갈잎떨기나무. 줄기는 모여 나고 윗부분에서 가지를 많이 치며 잎은 깃 모양으로 깊게 갈라진다. 7~8월에 지름 3mm 정도의 머리모양꽃차례가 아래를 향해 원뿔 모양으로 달린다.

뉴질랜드의 자연에 매료되어 자주 여행을 가는 친구가 그곳의 식물도감을 사와서 보여주었다. 한 번도 가보지 못한 남반구의 식물은 모두가 처음 보는 신기한 것들이었다. 그중에 놀라웠던 건 나무에서 피는 국화꽃들이었다. 이를테면 구절초, 쑥부쟁이, 산국과 똑같은 꽃들이 모두 사과나무 크기의 나무에서 피고 있었다.

우리나라에 자생하는 국화과 식물 400여 종은 대부분 초본이지만 단 하나의 예외가 있다. 바로 더위지기라는 쑥의 한 종류다. 더위지기는 단단한 목질의 줄기가 죽지 않고 겨울을 나서 봄에 새싹이 나는 작은 나무다. 식물학의 관점에서는 나무로 분류하지만 문외한의 눈에는 여느 풀들과 같아 보였다. 몇 년이 지나도 허리 높이 이상 자라지 못하다가 결국은 풀들처럼 사라지기 때문이다. 그리고 국내에 자생하는 스물다섯 가지쯤 되는 쑥들과도 크게 다르지 않다 보니 유심히 살피지 않으면 찾아내기가 어렵다.

더위지기라는 이름은 이 쑥의 효능과는 크게 관련은 없는 듯하다. 한방서적에는 주로 소화기 계통의 질환과 냉증에 효험이 있다고 나와 있고 굳이 더위와 관련이 있다면 땀을 많이 흘리는 다한증에 좋다는 정도다.

더위지기는 흔히 인진쑥이라고도 하는데 정확한 약재명은 한인진(韓茵蔯)이다. 한방에서 인진쑥은 사철쑥의 지상부를 가을에 채취한 한약재 인진호(茵蔯蒿)를 말한다. 흥미로운 것은 인진의 '인'은 사철쑥 '茵'이고 '진'은 더위지기 '蔯'이다. 그러므로 쑥 중에 으뜸이라고 쳐주는 인진쑥이라는 칭호는 더위지기와 사철쑥의 공동 수상으로 정리되어야 할 것 같다.

더위지기라는 이름은 한여름 밤에 피웠던 모깃불과 더 관련이 있어 보인다. 옛날 농촌에서는 여름 저녁에 집 안에 열기가 남아 있어서 마당에 멍석을 펴고 저녁을 먹은 후에 모깃불과 관솔불을 피워 놓고 식구들끼리 도란거리며 잔일을 했다. 그때 모기를 쫓기 위해 태웠던 것이 더위지기와 같은 여러 가지 쑥이었다. 모깃불을 피워 놓고 둘러앉아 오순도순 보내던 그 시절의 저녁은 내 생애에 가장 아름답고 행복했던 시간들이었다.

# 오늘은 자주조희풀 네가 날 물들게 한다

**자주조희풀** *Clematis heracleifolia* var. *davidiana* Hemsl.

중부지방에서 허리 높이 정도로 자라는 미나리아재비과의 갈잎떨기나무.
암수딴그루로 8~9월에 가지 끝과 잎겨드랑이에서 지름 4cm 정도의 꽃이 모여 핀다.
병조희풀(*C. heracleifolia*)의 변종으로 병조희풀보다 꽃받침조각이 넓게 벌어진다.

'오늘은 자주조희풀 네가 날 물들게 한다'는 남정(南汀) 김창진(金昌珍) 시인의 첫 번째 들꽃 시집 제목이다. 이 시집이 나오게 된 과정이 흥미롭고 감동적이다. 시인의 문우(文友) 몇 분이 야생화 탐사와 사진찍기에 취미를 붙이고 매일매일

찍어온 꽃 사진을 메일로 보내면 시인은 그 다음 날 멋진 시로 화답을 했다.

그렇게 되자 꽃 사진을 보낸 분들은 자연스레 꽃을 '메긴다'라는 표현을 썼고 메긴 꽃 사진은 다음 날로 아름다운 시로 재탄생을 했다. 그 시들은 하루 만에 썼다고는 믿을 수 없을 정도로 깊은 울림을 주었다. 그렇게 몇 년을 쌓인 시가 천 편을 넘자 꽃을 메긴 문우 중 한 분인 우계(友溪) 이상옥(李相沃) 선생이 시집 발간을 제안했고 그런 방식으로 시인이 작고할 때까지 두 편의 시집이 나왔다.

이 시집의 제목은 김창진 시인의 시 '자주조희풀'의 마지막 부분에서 따온 것이다. 시인은 자주조희풀의 그 푸르스름한 빛에서 이국의 바다를 보았고 처녀의 입술을 보았다. 시인이 받은 감동은 다시 '장독대에 두고 온 다알리아의 그

보랏빛'으로 전이되어 기어이 그 꽃 빛에 흠뻑 물들어버렸으리라는 어설픈 짐작을 해 볼 따름이다.

자주조희풀의 꽃빛은 그와 비슷한 여느 꽃에 비해 다르지 않으나 시인의 눈으로부터 가슴을 통해 보석 같은 시어로 정련된 것이다. 이 시를 읽은 다음부터는 그 꽃이 예사롭게 보이질 않게 되고, 그 보석 같은 구절이 머릿속에 맴도는 건 그만큼 명시라는 방증이 아닐까.

이 꽃의 '자주'는 시로 찬란하게 채색되었으나 뒤에 붙은 '조희'는 무엇일까? 조희는 종이의 옛말로, 예전에 동네 할아버지들도 종이를 '조히'나 '조이'라고 했다. 옛날의 종이는 닥나무 껍질로 만든 한지였고 닥나무 껍질 저피(楮皮)에서 유래하여 저피 - 조희 - 조이 - 종이로 바뀌었다고 한다. 자주조희풀의 '조희'는 아마도 꽃잎의 질감이 종이와 비슷하다는 의미가 아닐까 짐작해 볼 따름이다.

나는 어쩌다 이 시집을 만드신 분들과 인연이 닿아 그 아름다운 과정을 지켜보았다. 그리고 몇 해 지나서 시인은 '솔나리'로 태어나고 싶다는 절명시를 남기고떠나셨다. 시인은 가고 없으나 그의 자주조희풀과 수많은 꽃들이 남은 사람의 가슴마다 피고 진다.

**병조희풀**

*Clematis heracleifolia* DC.

제주도와 남해안 지역을 제외한 산지에서 허리 높이까지 자란다. 7~8월에 길이 2.5cm 정도의 항아리 모양 꽃 3~7개가 모여 핀다. 수꽃, 암꽃, 양성화가 한그루에 달리는 것으로 알려져 있다.

# 겨우살이 열매 단상

**겨우살이** *Viscum coloratum* (Kom.) Nakai

참나무와 같은 활엽수에 반기생하는 단향과의 늘푸른떨기나무.
까치집 모양으로 자라며 낙엽이 지고 난 겨울에 눈에 잘 띈다.
암수딴그루로 3~4월에 가지 끝에 지름 2~3mm의 노란 꽃이 핀다.

그 이름을 처음 들었을 때 겨우살이는 겨울에만 겨우 살고 가는 식물인가 했다. 알고 보니 키 큰 나무들의 잎이 무성한 여름에는 눈에 잘 띄지 않다가 낙엽이 다 떨어진 겨울에 새로 나온 나무처럼 존재를 드러내는 것이었다. 노란색이나 붉은색의 열매에 상고대가 피거나 흰 눈이라도 내려앉으면 더욱 멋들어진 모델이 된다.

요즘은 여러 자연 다큐멘터리 영상을 통해 겨우살이의 번식방법을 생생하게 볼 수 있다. 겨우살이는 새들의 눈에 잘 띄는 먹음직한 열매를 만든다. 열매 속에는 소화가 되지 않는 끈적끈적한 점액 성분이 있다. 새들이 열매를 먹어도 씨앗은 점액에 싸여 소화가 되지 않고 배설물을 통해 다른 나무로 번져간다. 숙주가 되는 나무줄기에 뿌리를 내린 겨우살이는 물과 양분을 착복한다. 그래도 약간의 양심이 있는지 푸른 잎을 내어 스스로 광합성을 하므로 반기생식물로 분류된다.

겨우살이 중에서 유난히 붉은 열매를 맺는 개체는 붉은겨우살이라고도 부른다. 겨우살이거나 붉은

암꽃과 지난해의 남은 열매(왼쪽) 및 수꽃(오른쪽)

겨우살이거나 열매를 맺는 식물이므로 당연히 꽃이 있을 것이다. 까치집처럼 높은 곳에서 사는 겨우살이의 자잘한 꽃을 어떻게 볼 수 있을까 궁리를 해보니, 새들의 배설을 통해 씨앗이 착생한다면 어쩌다 낮은 줄기에 붙은 것도 있을 듯했다. 아니나 다를까 겨우살이가 많이 자라는 숲을 며칠 동안 헤맨 끝에 눈높이에 붙은 두어 개체를 만났다. 그건 천여 개체 중에 한두 개 있을까 말까 한 행운이었다.

눈앞에서 붉은겨우살이의 꽃과 열매를 보면서 재미있는 우연을 발견했다. 수꽃과 암꽃 모두 잎겨드랑이에 세 개씩 꽃을 피웠고, 열매도 세 개씩 달리는데, 그 열매의 모양이 겨울에 어려운 사람들을 도왔다는 증표로 다는 '사랑의 열매'와 완전히 일치했다. 사랑의 열매는 어느 특정 식물의 열매를 모델로 디자인한 것이 아니고, 세 개의 열매가 나, 가족, 이웃을 각각 상징한다고 사업주관 단체에서 밝히고 있다.

겨우살이의 열매가 그 무엇을 꼭 닮아서 재미있는 것이 아니라 어느 해인가 모금액 일부를 유흥비로 유용해서 비난을 받았던 사건이 떠올랐기 때문이다. 겨울을 겨우 힘겹게 나는 사람들에게 가야 할 성금을 겨우살이처럼 가로챈 몰염치한 소행이었다. 있는 그대로 보고 즐겨야 할걸 쓸데없는 생각으로 마음이 어지러웠다.

### 꼬리겨우살이

*Loranthus tanakae* Franch. & Sav.

고산지대의 낙엽활엽수에 반기생하며 팔길이 정도 줄기를 뻗으며 가지를 많이 친다. 잎은 낙엽성이고 길이는 3cm 정도이며, 밑부분이 쐐기 모양의 타원형으로 가장자리는 밋밋하다. 6~7월에 이삭모양꽃차례로 꽃이 피고, 열매는 지름 7mm 정도의 구형으로 노랗게 익는다.

꼬리겨우살이(왼쪽 노란색)와 겨우살이(오른쪽) ©이주경

# 06 그곳에만 자라는 나무

어느 한 지역에서만 만날 수 있는 나무가 있다.
대개 서쪽을 향한 암벽에 자리 잡는 측백나무나
석회암 성분이 많은 절벽에서 자라는 회양목처럼
일정한 생육환경이 특정되는 나무들이 있는 반면에
개느삼, 미선나무, 주걱댕강나무, 노각나무들처럼
평범한 환경에 살면서 분포는 제한된 나무들도 있다.
토박이처럼 사는 내력을 끝내 알 수 없을지라도
이들을 찾아가는 마음은 보물섬 탐사처럼 설렌다.

가야산의 노각나무

# 동강 회양목

동강 천길 벼랑 끝
새가 되고픈 나무
산줄기 물줄기
날개 아래 품다

거침없는 햇살
자유로운 바람에
나래 한껏 펼쳐
훨훨 날고 싶다

뻐꾸기 새끼처럼 핀
보라색 할미꽃
같이 날자고
보채는 봄날에

©이시연

경북 청송 회양목 군락 ©이진

# 가깝고도 먼 나무 회양목

**회양목** *Buxus microphylla* Siebold & Zucc.

남해의 도서지역이나 내륙의 석회암지대에 분포하는 늘푸른떨기나무.
보통 2~4m 높이로 자라며 잎이 가죽질이고 겨울에 누렇게 변한다.
3~4월에 잎겨드랑이에 자잘한 연한 황색 꽃이 모여 핀다.

회양목은 여러모로 특별한 나무다. 몇몇 변종과 원예종이 있기는 해도 회양목과(科) 회양목속(屬)의 1과 1속 1종인 3대 독자다. 내륙의 활엽수 중에서 잎을 떨구지 않고 겨울을 나는 몇 안 되는 식물 중의 하나이고, 우리나라 나무 중에서는 가장 성장이 더디고 단단하다.

회양목은 겨울에도 잎이 떨어지지 않고 약간 누렇게 마른 듯한 모습으로 월동을 하기 때문에 황양목(黃楊木)으로 부르다가 회양목이 되었다는 설이 보편적이다. 그런데 이 나무는 석회질(石灰質)의 토양(土壤)에서 주로 자라므로 생태적으로도 회양목(灰壤木)인 셈이다. 우연히도 석회암 지대가 발달한 강원도 회양군(북한)에도 이 나무가 흔해서 그 지명에서 유래했다는 설도 있다.

꽃차례

가장 오래된 회양목은 경기도 여주 효종대왕릉의 재실(齋室) 앞에 있는데, 300살 정도로 추정되는 나무가 겨우 두 키 남짓한 높이에 굵기는 허벅지 정도다. 나무의 성장이 더딘 만큼 재질이 미세하고 단단하며 균질해서 예로부터 도장이나 낙관, 머리빗처럼 정교한 세공이 필요한 생활도구나 조각품, 인쇄 목판이나 활자 등을 만들었다. 그런 연유로 옛날에는 도장나무나 도장목이라는 이름으로 불렸다.

회양목은 아주 가까이 있으면서도 까마득히 먼 곳에 있는 나무다. 도시 사람들이 아파트 화단이나 공원이나 거리에서 일상처럼 만나는 나무가 회양목이다. 그 나무들은 사람들의 취향이나 거리의 공간과 미감에 합당한 조연이 되도록 인위적인 모습으로 각지거나 둥글게 다듬어지면서 가꾸어진다.

회양목이 자연 속에서 제 모습대로 사는 모습을 본 사람은 많지 않을 것이다. 이 나무는 대체로 사람들이 별로 찾지 않는 지역의 암벽에 붙어 살기 때문이다. 평창, 영월, 단양 등지의 수직 절벽이나 제주도 산방산의 화산암벽 같은 곳이다. 그중에 가장 멋진 곳에 자리 잡은 나무들은 동강 유역의 회양목들이지 싶다. 맑은 강물을 병풍처럼 두른 절벽에 아름다운 동강할미꽃과 함께 살고 있으니 말이다. 도시 조경의 소품으로 다듬어진 회양목들만 보던 사람들이 이런 멋진 곳에서 자연스럽게 자란 나무들을 보면 그 진면목에 적잖이 놀랄 것이다.

도시인과 도시의 회양목, 자연인과 자연생태계의 회양목은 끼리끼리 닮았다. 전자의 조합은 사회와 조직이 원하는 정형적 모습대로 살 것을 요구받는 경향이 있고, 후자는 비록 척박한 환경이어도 자유롭게 제멋에 살 수 있으니 말이다.

# 미선나무 우표 이야기

**미선나무** *Abeliophyllum distichum* Nakai

충북, 전북, 경기 일부 지역의 숲 가장자리에서 자라는 물푸레나무과의 갈잎떨기나무.
키 높이 정도로 자라며, 3~4월에 지름 2cm 정도의 꽃이 잎겨드랑이에 모여 달린다.
동종이형으로 암술 4mm, 수술 2mm 길이의 꽃과 꽃술 길이가 반대인 꽃이 핀다.
9~10월에 지름 2.5cm 정도로 익는 황갈색의 열매가 부채 모양을 닮았다.

초등학교에 다닐 때 이미 미선나무가 대단한 나무인 줄 알았었다. 1960년대에 들면서 세계에서 우리나라밖에 없는 미선나무와 금강초롱꽃을 우표로 발행해서 거의 모든 국민이 아주 특별한 식물임을 알게 되었다. 나라에 자랑거리가 별로 없던 시절이라 그걸로나마 백성들에게 자부심을 심어주려 했을까. 두메산골이 세상의 전부였던 아이는 이렇게 특별한 식물이 두 가지나 살고 있는 우리나라는 세상에서 정말 축복 받은 나라인 줄 알았다.

그때 편지 한 통에 4원짜리 우표를 붙였는데 미선나무 우표는 액면가가 20

원이었다. 지금 돈으로는 2,000원쯤 되는 고액 우표였으니 더욱 미선나무가 대단하게 여겨졌다. 오죽하면 미선나무 우표를 대량으로 위조해서 유통한 사건까지 발생했겠는가. 당시의 최고 액권인 백 원짜리 지폐를 위조하는 것보다 훨씬 쉬웠기 때문이었을 것이다.

미선나무 우표

미선(美扇)나무라는 이름은 이 나무의 열매가 부채를 닮은 데서 유래했다. 비슷한 열매를 맺는 식물들도 많지만 미선나무의 열매는 얇은 날개의 폭이 2.5cm나 되어서 다른 것들과 비교할 수 없을 정도로 넓다. 부채 모양의 날개 가운데에 싸인 납작한 씨앗이 공작 꼬리를 닮은 무늬를 만들어 '아름다운 부채'라는 이름을 받기에 부족함이 없다.

당시 체신부 우표도안실장을 지냈던 강춘환 씨는 미선나무 자생지에 가서 꽃은 스케치를 했는데 결실 시기가 아니어서 열매는 도감 그림을 보고 우표도안을 완성했다고 회고한다. 도감의 그림을 베껴서 그런지 당시 우표의 열매 부분은 실제 모습에 비해 크기가 작고 부자연스럽다. 그의 회고록에 의하면 그 무렵에도 미선나무가 유명세를 탔던 때문인지 남채와 도채가 심해서 자생지는 쑥밭이 되었는데 인근의 가정집이나 학교에 심어 기르는 것이 더 흔했다고 한다. 모르기는 해도 미선나무는 야생식물 불법채취 대상 1호가 되지 않았나 싶다. 요즘은 자생지도 몇 군데 더 발견되었고 적절하게 보호되고 있어서 걱정이 없다.

미선나무에 대한 기억이 또렷한 것은 초등학교 때 우표를 수집했었기 때문이다. 사서 모은 건 아니었고 일가친척 집에 가서 봉투에 붙은 우표를 곱게 떼어오는 정도였다. 그리 많지도 않았고 특별한 우표도 없었지만 추억 삼아 삼십여 년은 간직하고 있었는데 직업군인의 숙명대로 수십 번이나 이사를 하면서 언제부터인가 찾을 수 없게 되었다. 그중에 가장 기억에 남는 우표 역시 미선나무 우표였다.

천연기념물 경북 영양 측백나무 자생지

# 천연기념물 제1호 측백나무 숲

**측백나무** *Platycladus orientalis* (L.) Franco

중국 서북부와 국내 일부 지역에 분포하는 측백나무과의 늘푸른큰키나무.
높이 20m, 지름 1m 정도까지 자랄 수 있으나 국내에는 거목이 드물다.
암수한그루로 3~4월에 가지 끝에 구화수가 달린다.

우리나라의 천연기념물 제1호는 대구 도동에 있는 측백나무 숲이었다. 그런데 행정편의상 붙였던 일련번호가 마치 그 중요성의 순위를 나타내는 듯한 오해를 불러올 수 있다는 여론을 수렴하여 2022년 1월 1일부로 모든 국보, 천연기념물의 번호가 공식 폐지되었다.

과거의 일이지만 '제1호'라고 해서 특별한 지위는 없을지라도 그 이유가 궁금하기는 했다. 이 숲이 1호의 영광을 차지한 이유는 알아내지 못했으나 다른 측백나무 숲 서너 곳도 천연기념물로 지정되어 있는 것을 덤으로 알게 되었다. 그런데 여러 가지 자료들을 검토하는 과정에서 한 가지 흥미로운 사실을 발견했다.

천연기념물로 지정된 측백나무 숲은 대구 경북 지역 세 곳과 충북 단양에 한 곳이 있고, 울진의 천연기념물 성류굴에 있는 군락은 동굴 일원에 포함되어 별도로 지정되지는 않았다. 이 다섯 곳의 측백나무 자생지는 모두 물이 흐르는 하천 바로 옆에 형성되어 있는데, 단양 지역을 제외하고는 모두 서쪽 또는 서북쪽 절벽에 측백나무들이 자라고 있다.

측백나무 잎과 열매(구과)

중국 명나라 때의 박물지라고 할 수 있는 육서정온(六書精蘊)이라는 책에는 '많은 나무가 햇빛을 향하지만 측백나무만 홀로 서쪽을 향하니 대체로 음지나무이나 곧은 덕이 있기 때문에 글자는 백(白)을 따른다. 白은 곧 서쪽이다'라고 측백나무를 설명하고 있다. 즉 측백나무를 뜻하는 백(柏)자는 서쪽을 의미하는 색인 白에 나무 木변을 붙인 글자다.

공자(孔子)는 측백나무에 대해서 '歲寒然後 知松柏之後凋' 즉 '추운 시절이 된 뒤에야 소나무와 측백나무가 늦게 시드는 것을 알게 된다'라고 말했다. 이 구절은 그 유명한 추사 김정희의 세한도에 붙인 편지글에도 인용되었다. 그리고 중국의 역사서인 자치통감(資治通鑑) 위기편(魏記篇)에는 '朝華之草多而零落 松柏之茂隆寒不衰', 즉 '아침에 화려한 풀꽃은 저녁에 떨어지나 무성한 송백은 혹한에도 쇠하지 않는다'는 구절도 나온다.

이뿐만 아니라 한자문화권에서 송백(松柏)은 세트처럼 붙어서 쓰이는 경우가 많다. 그런 맥락에서 국내의 측백나무 자생지는 송백의 한 축인 '柏'이 중국만의 자랑거리가 아니라는 걸 증명하는 소중한 자연유산이다. 물론 그것이 천연기념물 제1호로 지정되었던 이유는 아니겠지만 선비정신을 자랑하는 나라의 체면을 세우는 데는 중요한 역할을 한 듯하다.

# 울릉도 도동항의 천연기념물 향나무

**향나무** *Juniperus chinensis* L.

강원 삼척, 영월, 경북 의성, 울릉도의 암석지대에서 자라는 늘푸른큰키나무.
비늘잎과 바늘잎의 두 가지 잎이 섞여 나는데 개체에 따라 비율이 다르다.
암수딴그루(드물게 암수한그루)로 구화수의 길이는 3~5mm로 자잘하다.

우리나라의 토종 향나무는 대다수가 아찔한 벼랑에 붙어 산다. 울릉도 도동항을 병풍처럼 감싸고 있는 절벽 위에 그림처럼 자리 잡은 향나무와 섬 서쪽에 거대한 상어 지느러미처럼 솟은 통구미 절벽의 군락은 모두 천연기념물로 지정되어 있다. 육지에서는 삼척과 영월의 절벽지대에서 드물게 향나무를 볼 수가 있다.

이런 현실과 관련해서 울릉도의 향나무에 대한 우계(友溪) 이상옥(李相沃) 선생의 코멘트를 소개해 본다 오래전에 제가 선친에게 직접 들은 바에 의하면, 원래 울릉도에는 향나무가 무척 많았다고 합니다. 그러던 것이 일제시대에 섬 왕래가 쉬워지면서 향나무가 마구 베어져서 가구 재료로 쓰였다는 겁니다. '울릉도 군수로 나갔던 사람들은 돌아올 때 으레 향나무로 만든 옷장 등을 가지고 왔다'는 말이 나돌기까지 했지요.

울릉도 도동항을 굽어보고 있는 향나무는 우리나라에서 가장 나이가 많은 나무로 2,000년을 넘게 살았다고 한다. 모르기는 해도 그 나무는 사람들이 접근할 수 없는 아찔한 절벽 위에 뿌리 내린 까닭에 그리 오랜 세월을 살 수 있지 않았나 싶다.

이런저런 이야기에서 알 수 있듯이 향나무가 폼을 재려고 절벽에 붙어 사는 건 아니다. 내륙에서는 궁궐이나 사찰, 그리고 양반들의 정자나 묘소에 수백 년의 연륜을 자랑하는 향나무 거목들이 역시 천연기념물로 지정되어 관리되고 있다. 이 절벽이든 궁궐이든 양반의 소유지든 향나무는 한마디로 범접할 수 없는 곳에 사는 나무다.

향나무가 여느 산이나 들에서 볼 수 없는 또 한 가지 이유는 어렴풋 짐작이 간다. 옛날에는 집집마다 향나무 토막을 간수하다가 제사 때마다 조금씩 깎아내어 썼다. 향을 피워 조상의 영혼을 맞이하는 강신(降神)례가 제사의 시작이기 때문이었다. 집집마다 향을 그렇게 썼으니 흔치 않은 나무가 여느 산야에서는 계속 성장하기가 어려웠을 것이다.

어릴 적 살던 고향집은 메주 뜨는 냄새, 술 익는 냄새, 할아버지 곰방대 냄새, 농사일에 지친 땀 냄새, 아기들 오줌똥 냄새 등등 온갖 퀴퀴하고 골골한 냄새의 경연장과 같았다. 요즘 사람들은 그런 냄새 환경에서 잠시도 견딜 수 없을 것이다. 이런 집에서 제사를 지낼 때 촛불을 켜고 향을 피우면 집 안 공기가 일시에 정화되는 느낌이 들었다.

드문 일이지만 맑고 향기로운 사람을 만날 때가 있다. 좋은 향수를 써서 나는 향기가 아니라 그 사람의 심성과 말에서 나오는 향기다. 그런 향기는 어디서 나오는 건지 가끔은 진지하게 생각해본다.

# 태하령의 귀공자 솔송나무

**솔송나무** *Tsuga sieboldii* Carrière

울릉도의 깊은 숲에서 20m 정도까지 자라는 소나무과의 늘푸른큰키나무.
잎은 길이 1.5cm, 폭 2mm 정도의 편평한 선형으로 뒷면에 흰색 기공선이 있다.
암수한그루로 4~5월에 암구화수는 아래를 향해, 수구화수는 위를 향해 달린다.

2018년 12월, 드디어 울릉도를 자동차로 한 바퀴 돌 수 있는 일주도로가 개통되었다. 1963년 3월에 처음 착공한 이래 고작 45km 길이의 도로 건설에 55년이나 걸린 사연이야 많겠지만 해안 대부분이 현무암 절벽으로 둘러싸인 험준한 지형이 가장 큰 난관이었을 것이다. 섬 둘레 백여 리를 도는 울릉도의 도로는 평탄하고 곧은 구간이 거의 없이 급커브, 급경사에 수많은 터널에다 심지어 나선형으로 오르고 내리는 희한한 구간도 두어 곳 있다.

순환도로와는 별도로 서쪽에서 남쪽으로 산을 넘어 관통하는 태하령길도 너무 좁고 위험해서 2005년부터 13년 동안 차량 통행을 금지시켰다가 관광자원 개발을 위해 안전시설을 보완한 후 소형 차량에 한해서 일방통행만 허용하고 있다. 태하령길은 울릉도의 험준한 산세와 원시림을 체험할 수 있는 몇 안 되는 도로다.

솔송나무 구과

태하령 고갯길의 정상부는 너도밤나무, 섬잣나무, 그리고 솔송나무가 빽빽하게 우거져 마치 잃어버린 원시의 세계로 들어간 듯한 느낌을 주는 곳이다. 국내에서 솔송나무와 선모시대가 자생하는 곳은 울릉도에서도 오직 이곳뿐이다. 10여 년 전에 선모시대를 찾으러 태하령을 걸어서 넘었는데 그때는 나무에는 관심이 없고 온통 풀꽃들에만 관심을 쏟던 때라 그 원시림을 제대로 관찰하지 못했었다.

솔송나무는 소나무과로 분류되지만 모양은 오히려 주목과의 비자나무나 주목에 가깝다. 곧게 뻗는 줄기, 짧고 두터운 잎, 그리고 무엇보다도 나무가 주는 격조가 그러하다. 원래 울릉도에는 솔송나무 거목이 울창한 숲을 이루고 있었으나 러일전쟁 이후에 일본 사람들이 남벌을 해 간 탓에 지금은 겨우 몇 그루의 거목만 볼 수 있다. 솔송나무는 일본에도 있지만 먼 바다를 건너와서까지 베어 간 걸 보면 얼마나 귀한 목재인지 짐작이 된다.

이 나무를 직접 본 곳은 경상북도 수목원이었다. 종자를 발아시켜 키웠는지 채 10년이 못 되어 보이는 몇 그루의 솔송나무는 거목으로 자란 나무를 더욱 보고 싶게 하는 갈증을 더해주었다. 이름이 소나무 중의 소나무, 솔송이라서 그런지 귀공자의 품격이 느껴졌다. 언젠가는 꼭 태하령길을 걸으며 아름드리 솔송나무들을 만나보리라 벼르고 있다.

# 구룡령에서 만난 황철나무

**황철나무** *Populus suaveolens* Fisch. ex Poit. & A. Vilm

강원 북부의 깊은 산지에서 30m 높이까지 자라는 버드나무과의 갈잎큰키나무.
잎은 6~12cm 길이의 넓은 타원형으로 아래쪽은 약간 오목하고 끝은 뾰족하다.
암수딴그루로 4~5월에 수꽃차례는 5~8cm, 암꽃차례는 10~15cm로 늘어진다.

56번 국도는 자동차 드라이브하기에 좋은 도로로 이름 높다. 이 도로는 강원도 철원 일대에서 춘천과 홍천을 거쳐 동해안의 양양에 이르는 도로지만 그중에 드라이브 코스로 추천되는 구간은 홍천에서 양양에 이르는 120km쯤 되는 구간이다. 주변 풍경이 아름다우면서도 교통량이 적어서 여유롭고 시원한 자동차 여행을 즐길 수 있다. 이 구간의 클라이맥스는 백두대간을 아흔아홉 구비를 돌면서 넘는다는 구룡령이다.

한번은 봄이 무르익어 갈 무렵에 양양에서 홍천 방향으로 구룡령을 넘었다. 이 고개를 넘으면서 유난히 맑은 초록색 잎을 낸 나무들이 눈에 들어왔다. 봄이 늦게 오는 높은 고갯길에는 오직 이 나무들만 봄을 맞이한 듯 생기가 돌았다. 차를 세우고 다가가보니 말로만 들어왔던 황철나무였다. 지금까지 보아온 풀과 나무의 잎 중에서는 가장 순도 높은 맑은 초록색의 잎이 무척 깊은 인상을 남겼다.

황철나무는 버드나무 가문의 양대 집안인 버드나무파(Salix속)와 백양나무파(Populus속) 나무들의 중간쯤에 있는 나무다. 나무의 형태가 버드나무처럼 넓게 퍼지지도 않고 백양나무처럼 높게 솟는 모양의 중간쯤 되고, 잎이 길쭉한 버드나무와 가로 세로 비율이 비슷한 백양나무의 중간쯤 되는 달걀 모양 잎을 달고 있는데, 백양나무 쪽에 약간 가까운지 Populus속으로 분류되어 있다.

황철나무의 종소명 'suaveolens'는 향기가 있다는 뜻인데, 실제로 황철나무의 잎에서는 좋은 향기가 난다. 잎 앞면과 뒷면의 분비샘에서 내는 끈적거리는 수액의 냄새가 달콤하면서도 신선하다.

그런데 '황철'이라는 이름은 나무의 어떤 특징이나 이미지와 도무지 연결이 되질 않는다. 『한국 식물명의 유래』(이우철, 일조각)에는 평북 지방에서 부르던 이름에서 유래했다고 나와 있고 황철목(黃鐵木)이라는 한자명도 제시하고 있다. 혹시나 해서 지도를 살펴보니 평안북도 강계군(북한 명칭 자강도 강계시)에 황철산(黃鐵山, 1,101m)이라는 큰 산이 있었다. 그렇다면 그 지역에 이 나무가 많이 자라서 유래한 이름일 개연성이 있다. 황철나무의 영어명 'Manchurian poplar', 즉 '만주포플러'에서도 이 나무는 만주 등지에 주로 분포하고 한반도 북부에도 많이 있을 것으로 짐작이 된다.

황철나무의 분포를 짐작할 수 있는 단편적 자료들을 종합해보면 이 나무는 만주 지역을 중심으로 한반도 북부 지역에도 많이 자라며 백두대간을 따라 강원도 중부지방까지 분포하는 듯하다. 이번 봄에도 구룡령을 넘어보려고 마음먹고 있다. 황철나무 잎의 맑은 초록색과 향기도 그립고 그 형제뻘인 사시나무의 현란하게 나풀거리는 잎도 눈에 선하다.

황철나무 암꽃차례

# 사실사실 잎을 떠는 사시나무

**사시나무** *Populus davidiana* Dode

산지 계곡이나 사면에서 25m 높이까지 자라는 버드나무과의 갈잎나무.
잎자루의 길이와 잎몸(葉身)의 길이가 비슷하고 가장자리에 잔 톱니가 있다.
암수딴그루이며, 4~5월에 잎이 나기 전에 이삭모양꽃차례로 꽃이 핀다.

우리도 / 젊은 날엔 / 저럴 때가 있었다
지금은 / 사실사실하다
저 꽃술처럼 / 내 마음 아직 꽃이제 / 꽃이제

평생 한 번도 시인임을 자처한 적이 없었던 남정(南汀) 김창진(金昌珍) 선생의 시(詩) '문주란'에 나오는 구절이다. 이 시에서 '사실사실하다'라는 의태어가 깊게 각인되어 몇 년이 지나도 잊히지가 않았다. 사전에는 없는 말이지만 굳이 사전을 찾아보지 않더라도 그 느낌이 오롯이 전해지는 표현이었다.

사시나무라는 이름의 유래를 찾던 중에 '사실버들'이라는 강원도 향명이 있는 걸 알게 되었다. 당연히 남정 선생의 시구가 먼저 떠오르면서 잎이 사실사실한 버드나무의 한 종류라고 직감적으로 이해가 되었다. 그 '사실버들'이 '사시버들'이 되었다가 사시나무가 되었으리라고 짐작했다. 파드득나무나 팔랑버들이라는 사시나무의 다른 이름에서도 이 나무의 잎들이 흔들리는 모습이 그려진다.

이러한 이름들은 모두 가벼운 바람에도 소란스레 흔들리는 잎에서 유래한 것이다. '사시나무 떨 듯하다'는 속담도 나무가 떠는 것이 아니라 잎이 떠는 것이리라. 그 많은 나무들 중에서 왜 사시나무의 잎이 유난을 떨어서 이런 이름이 붙었을까. 사시나무 잎은 긴 잎자루를 가지고 있어서 가벼운 바람에도 잘 흔들리게 되어 있다. 여느 나무들보다 높게 자라는 사시나무는 바람에 순응하는 잎을 내어서 거센 바람에도 가지를 지켜내고 뿌리째 넘어지지 않으려는 지혜를 낸 것이다.

사시나무의 다른 이름은 백양(白楊)나무다. 하얀 버드나무라는 의미인데 수피가 유난히 하얀색을 띠어서 붙은 이름일 것이다. 줄기가 하얗게 빛나는 백양나무 무리는 2km 정도나 되는 거리에서도 눈에 잘 띈다. 백양나무, 즉 사시나무 떨 듯하다는 나무를 자세히 보려고 가까이 가보면 십중팔구는 은사시나무다. 은사시나무는 은백양과 사시나무의 자연교잡종으로 잎가장자리 톱니가 얕고 가지런한 사시나무에 비해 거칠고 불규칙하며 뒷면에는 흰 털이 밀생하여 바람이 불면 은빛으로 반짝인다.

우리 주변에는 사시나무붙이의 나무들이 많은 반면에 이름을 제대로 불러주기는 만만치가 않다. 자연교잡종인 은사시나무의 우수한 형질에 주목하여 산림녹화를 위해 1960년대에 대량으로 인공증식한 나무를 은수원사시 또는 현사시나무라고 한다. 은수원사시는 당시 서울대 농대 시험림이 있던 수원에서 나온 이름이고, 현사시나무는 이 프로젝트를 주도했던 현신규(玄信圭) 선생을 기념한 이름으로 알고 있다. 미루나무, 양버들, 이태리포플러 등은 이 은수원사시가 생산되기 전에 국토 녹화를 위해 도입한 사시나무의 근연종이다. 이런 나무들은 어디서나 눈에 띄는 편이지만 정작 토종의 사시나무를 만난 건 근래의 일이었다.

사시나무의 소재를 수소문해서 찾았던 곳은 강원도의 높은 산지였다. 그때가 높은 산에는 아직 추위가 물러가지 않은 4월 중순이었는데 마치 가을의 은행잎처럼 노란색의 잎이 유난히 눈에 띄어서 다가가 봤더니 바로 사시나무였다. 과연 봄의 미풍에도 잎들은 사실사실 떨고 있었다.

가을의 사시나무

# 대청도에서 만난 병아리꽃나무

**병아리꽃나무** *Rhodotypos scandens* (Thunb.) Makino

중부 이남의 낮은 산지에서 키 높이 정도로 자라는 장미과의 갈잎떨기나무.
4~5월에 새가지 끝에서 지름 4cm 정도의 하얀색 양성화가 1개씩 달린다.
암술대가 4개이고 열매는 길이 7mm 정도의 달걀 모양으로 4개씩 맺힌다.

병아리꽃나무는 언제 어디서 만나게 될지 모르는 행운과 같다. 꽤나 드물다 보니 분포지역에 관한 믿을 만한 자료도 없는 형편이다. 우연을 바라지 않고 야생의 병아리꽃나무를 실컷 보려면 포항 인근의 군락지에 가야 한다. 서쪽으로 영일만을 안고 있는 포항시 발산리의 군락은 천연기념물로 지정되어 있고 우리나라에서 가장 많은 모감주나무들과 같이 수십 그루의 병아리꽃나무가 자라고 있다.

병아리꽃나무는 1937년에 발간된 『조선식물향명집』에 처음 등장하는 이름이다. 중국 이름 계마(鷄麻)와 옛 문헌에 나오는 죽두화, 죽도화라는 이름을 제쳐두고 그 의미와 형상이 잘 전달되는 우리말 이름을 추천명으로 채택한 좋은 사례다. 이우철 박사의 『한국 식물명의 유래』에 의하면 황해도 지방에서 부르던 이름이라고 한다.

병아리꽃나무 열매

병아리꽃나무는 귀엽게 꽃이 핀 모습과 이름이 제법 잘 어울린다. 활 모양으로 완만하게 휘어 늘어지는 줄기에 반 뼘 정도의 간격을 두고 꽃줄기가 나와서 줄기마다 하나씩 동글동글한 꽃을 단 모습은 어미닭을 줄지어 따라가는 병아리 떼를 닮았다. 게다가 네 개씩 맺히는 씨앗도 둥지 안에 낳아 놓은 계란의 축소판이다. 반질반질하고 까만 씨앗은 봄까지 남아 새로 피는 꽃 아래에 늘어져 있다.

병아리꽃나무는 장미과에 속하지만 유별나게 네 장의 꽃잎을 달고 있다. 장미과에 속하는 벚나무붙이, 사과, 복숭아, 배가 열리는 과일나무들, 여러 가지 딸기와 찔레, 해당화 등이 모두 다섯 장의 꽃잎을 달고 있는 걸 보면 마치 어디서 주워온 아이 같다.

내가 병아리꽃나무를 처음 만난 건 정향풀과 대청지치를 보러 대청도에 갔을 때였다. 그때가 오월 말이었는데 바다안개가 짙게 껴서 돌아오는 배가 사흘이나 뜨지 못했다. 빠르게 따뜻해진 대기와 그때까지 차가운 바닷물의 온도차로 생기는 계절적 현상이었다. 본의 아니게 작은 섬 대청도를 샅샅이 탐사할 기회가 되어 여러 종의 귀한 식물들을 만났다. 그때 덤으로 만났던 식물들이 제비난초, 두루미천남성, 반하, 민은난초, 갈매기난초, 초종용, 실거리나무, 망적천문동, 쇠채, 멱쇠채 그리고 병아리꽃나무였다.

아쉽게도 병아리꽃나무는 단 한 그루 밖에 찾지 못했다. 첫 만남에서 그리 쉽게 볼 수 있는 나무는 아니라는 느낌이 들었다. 대청도는 지금 인천광역시에 속하지만 6.25 이전에는 황해도 옹진반도의 코앞에 붙은 섬이었다. 그리 생각하니 대청도의 병아리꽃나무는 그 이름의 본고장인 황해도 태생이었다.

# 개느삼의 보이지 않는 유대

**개느삼** *Sophora koreensis* Nakai

강원 북부 이북의 산지에서 무릎 높이 정도로 자라는 콩과의 갈잎떨기나무.
잎은 길이 1cm 미만의 타원형 작은잎 6~15쌍으로 이루어진 깃꼴겹잎이다.
4~5월에 새가지 끝에서 나온 원뿔모양꽃차례에 노란색 양성화가 달린다.

개느삼은 1919년에 북한 지역에서 정태현 선생이 처음 발견한 한반도 고유종이다. 그리고 46년이 지난 1965년에 강원도 양구의 휴전선 인근 지역에서 군락이 발견되어 남한지역에도 자생하는 것이 확인되었고 멸종위기식물 2급으로 지정되었다. 그 후 화천, 인제, 춘천 등지에서도 자생지가 확인되어 2012년에 보호식물목록에서 해제되었다.

개느삼의 학명은 발견 당시에 나카이가 '*Sophora koreensis* Nakai'로 등록하였다가 4년 후인 1923년에 '*Echinosophora koreensis* (Nakai) Nakai'로 수정하였다. 처음에는 고삼과 같은 속으로 보았으나 개느삼속을 별도로 분류한 것이다. 이는 그가 금강초롱꽃을 Symphyandra속으로 발표했다가 Hanabusaya속으로 수정하면서 자신의 출세길을 열어준 초대일본공사 하나부사에게 보은했던 일을 떠올리게 한다.

그런데 무슨 학문적 연구가 있었는지 모르겠으나 근래에는 나카이가 명명했던 처음의 학명 '*Sophora koreensis*'으로 회귀하는 추세다. 즉 개느삼은 고삼과 같은 속의 식물로 원위치시켜 놓은 것이다. 어찌되었든 간에 개느삼이라는 이름은 고삼에 닿아 있다. 맛이 쓰고 인삼 같은 약효가 있다는 고삼(苦蔘)의 다른 이름이 너삼이다. 역시 같은 콩과의 황기는 약간 단맛이 나서 단너삼이라고도 불린다. 그렇다면 개느삼은 이름만으로는 고삼이나 황기보다 약성이 못하다는 느낌이 든다.

많은 개체처럼 보이는 개느삼은 모두 한 그루에서 뻗어나간 땅속줄기로 연결되어 있고 그 지름이 자그마치 25미터 정도나 된다고 한다. 이처럼 땅속줄기가 연결되어 있는 대나무나 아까시나무는 여간해서 제거하기가 어렵다. 기후변화나 천적의 출현이 있기 전에는 개느삼의 안위는 걱정하지 않아도 좋을 듯하다.

우리의 삶도 땅속줄기처럼 보이지 않는 관계의 기반이 있을 때 탄탄해진다. 개별적인 삶은 인간적 유대로 연결됨으로써 성장하고 역경에 쉽게 무너지지 않는다. 인간적 유대는 가족관계를 바탕으로 한 친구나 동료들 간의 사랑과 믿음이 아닐까 싶다.

# 주엽나무 가시의 아이러니

**주엽나무** *Gleditsia japonica* Miq.

계곡이나 하천 가장자리에서 20m 정도 높이로 자라는 콩과의 갈잎큰키나무. 잎은 작은잎 6~12쌍으로 이루어진 깃꼴겹잎인데 끝으로 갈수록 작은잎이 크다. 5~6월에 반 뼘 남짓한 이삭모양꽃차례에 지름 5mm 정도의 꽃이 모여 핀다.

주엽나무는 우리나라 나무 중에 가장 무시무시한 가시를 두르고 있다. 비수만큼 길고 쇠뿔만큼 억세며 송곳처럼 날카로운 가시는 보는 이를 질리게 할 정도다. 첫인상은 굵은 자석 기둥에 대못들이 달라붙어 있는 느낌이었는데 가시가 나는 방향과 길이가 제멋대로여서 기괴하기까지하다.

주엽나무는 야생에서는 드물게 자라고 근연종인 조각자나무는 관상용으로 식재된다. 역시 조각자나무의 관상 포인트도 그로테스크한 가시다. 두 가지 나무는 꽃과 잎으로는 구분하기 어렵고 주엽나무의 가시 단면은 타원형이고 조각자나무는 원형에 가까운 차이밖 에 없다. 무엇보다도 자연생태계에서 만났다면 십중팔구는 주엽나무다.

한방에서는 주엽나무의 열매를 조협(皂

莢)이라고 부르며 약재로 쓴다. 조협은 쭉정이 '皂'자와 꼬투리 '莢'자를 쓰므로 커다란 꼬투리에 비해 상대적으로 씨앗이 작고 빈약한 주엽나무의 열매를 묘사한 약재명으로 보인다. 중국에서는 주엽나무를 산조협(山皂莢)으로, 조각자나무를 그냥 조협이라고 부른다. 이런 근거로 주엽나무의 이름은 '조협'에서 유래했을 가능성이 높아 보인다.

식물의 가시는 대체로 자신을 방어하기 위한 수단으로 여겨진다. 주엽나무에 초식동물이 특별히 탐낼 만한 그 무엇이 있는지는 알 수 없으나 결과적으로 이 나무가 자연에서 지극히 드문 걸 보면 그 가시가 생존과 번식에 얼마나 도움이 되었는지 의문이다. 초식동물의 먹이가 될 일을 피했음에도 제대로 번성하지 못했다면 이 나무에 태생적인 약점이 있을 수도 있다. 이를테면 씨앗의 발아율이 낮다든가 어린 나무가 주변 식물들과의 생존경쟁에서 밀렸을 수도 있다.

동물 세계에서도 치명적인 독이나 독특한 방어기제를 갖춘 종은 대체로 희귀한 편이다. 적절한 표현일는지 모르겠으나 자연생태계에서 특별한 무기를 가지고 다른 종에게 위협이 되거나 기피대상이 된다면 그러한 종은 사회성이 결여된 것이 아닐까 생각해 본다. 인간뿐만 아니라 야생의 동식물도 조화와 공생의 미덕을 통해 보다 번성할 거라고 나는 믿는다.

주엽나무 꽃차례

# 백당나무의 다른 이름 접시꽃나무

**백당나무** *Viburnum opulus* var. *calvescens* (Rehder) H. Hara

전국의 산지에서 2~4m 높이로 자라는 산분꽃나무과의 갈잎떨기나무.
5~6월에 가지 끝에서 지름 10cm 정도의 편평꽃차례의 가장자리에 지름 2cm 정도의 헛꽃이, 가운데에 지름 5mm 정도의 양성화가 핀다.

백당나무는 그리 흔한 나무가 아니어서 만남 자체만으로도 즐겁다. 자료상으로는 전국의 산지에 분포한다고 나와 있지만 개인적인 경험으로는 중부 이북, 그중에서도 강원도의 깊은 산지에서 드문드문 마주친 적이 있을 뿐이었다. 군 생활을 오래해서 그런지 백당나무를 보면 '당백', 즉 일당백(一當百)을 뜻하는 구호가 먼저 떠오른다. '한 사람이 백 사람을 물리칠 만큼 강해지라'며 여러 부대에서 쓰던 구호였기 때문이다.

백당나무의 꽃을 이런 식으로 풀이하면 백 가지 꽃과 견주어도 당당하다는 의미도 된다. 물론 '백당'이라는 이름이 그렇게 예쁘다는 의미로 지어진 건 아닐 터이다. 이 꽃은 작은 접시 크기의 둥근 꽃차례를 하얀 나비 같은 장식화가 둘러싼 가운데에 자잘한 진짜 꽃들이 작은 보석들처럼 모여 핀다.

'백당'이라는 말이 생소하다 보니 저마다 알고 있는 이름의 유래가 구구 각색이다. 이를테면 하얀 꽃이 불당 앞에 피어서 백당(白堂)이 되었을 거라는 설도 있고, 둘레의 하얀 꽃두름이 단을 쌓은 듯해서 백단(白壇)이라 하다가 백당이 되었으리라는 유래설도 있다.

북한에서는 백당나무를 접시꽃나무라고 부른다. 단순하게 보더라도 꽃차례의 크기와 모양이 접시와 비슷해서 그럴듯한 이름이다. 그런데 이 꽃차례를 옆에서 보면 주변을 두르는 장식화들이 가운데의 진짜 꽃들보다 높게 피어 있어서 정말 접시 모양에 충실한 이름임을 알 수 있다.

백당나무와 전체적으로 비슷하나 장식화가 없이 진짜 꽃들만 피는 배암나무가 있다. 배암은 곧 뱀의 다른 말인데 아무래도 배암나무와 뱀을 연관 짓기는 어려워 보인다. 배암나무는 어쩌면 백당나무 이름의 변음이거나 와전(訛傳)일 거라고 막연하게 짐작할 따름이다.

백당나무의 유래설 중에서 '불당 앞에 피는 흰꽃'이라는 설은 불두화를 일컫는 듯하다. 불두화는 백당나무의 꽃이 모두 장식화로만 이루어진 자연변이이거나 인공적으로 육종한 꽃이라고도 하는데, 이 꽃차례가 부처님의 헤어스타일을 닮았기 때문에 사찰에서 많이 가꾼다고 한다.

백당나무를 접시꽃나무라고 부를 때 더 쉽게 공감하면서 친근감이 드는 경우처럼 국명이 이해하기 어려울 때 북한명을 찾아보면 금방 고개가 끄덕여지는 이름이 많다. 우리나라의 식물학자들도 크게 뜻을 모아 이런 개명작업을 해주면 속이 시원하겠다.

**불두화**

*Viburnum opulus* f. *hydrangeoides* (Nakai) Hara

백당나무의 자연 또는 인공 변이종으로 전체적으로 장식화만 핀다.
꽃차례가 반구형을 이루어 부처님의 머리 모양을 닮았다는 이름이다.
자연 상태에서는 거의 볼 수 없고 공원이나 사찰에 식재하고 있다

# 천성산의 전설과 주걱댕강나무

**주걱댕강나무** *Abelia spathulata* Siebold & Zucc.

경남 양산 천성산의 산지 사면에서 2~3m 높이로 자라는 린네풀과의 갈잎떨기나무.
5월에 가지 끝에 길이 3cm 정도의 연한 황색 또는 상아색의 꽃이 2개씩 달린다.

주걱댕강나무는 경남의 천성산에서만 볼 수 있는 귀한 나무다. 같은 댕강나무속의 댕강나무나 털댕강나무 역시 일부 지역에서만 자생하는 흔치 않은 나무지만 주걱댕강나무는 그 댕강나무들보다 꽃이 크고 우아해서 꽃쟁이들로부터 더욱 사랑을 받는다.

이 나무를 보러 천성산 내원사 계곡으로 들어섰을 때 뭔가 범상치 않은 느낌이 들었다. 들어갈수록 계곡이 넓어져서 여러 갈래로 갈라지며 신령스럽고 청정한 분위기가 더했다. 천성산 이름의 유래를 알고 나니 과연 이런 특별한 나무도 깃들만하겠다는 생각이 들었다.

천성산의 전설은 엄청나게 스케일이 큰 대신에 그만큼 황당한 스토리다. 옛날에 원효대사가 이 산에서 수행 중에 당나라 운제사의 법당 기둥이 썩어 곧 무너질 걸 예견했다. 급히 마루 판자를 뜯어 몇 글자를 써서 당나라 장안의 종남산 운제사 위로 던졌다. 운제사 법당 안에 있던 승려들이 하늘에 판자가 떠 있는 신기한 광경을 구경하려고 모두 나왔는데 이때 바로 법당이 무너지고 하늘에 떠 있던 판자가 내려왔다. 판자의 글씨는 해동원효 척판구중(海東元曉 擲板救衆), 즉 '해동의 원효가 판자를 던져 중생을 구하노라'였다. 원효대사의 엄청난 법력에 감동한 천 명의 스님이 당나라에서 건너와 제자가 되기를 청하자 원효는 이들을 위해 89개의 암자를 지었고 산 위의 넓은 광장에서 화엄경을 설법했다. 그 천 명의 제자들이 모두 성인이 되어서 그 산을 천성산(千聖山)으로 부르게 되었다고 한다.

흰 꽃 ©이봉식

천성산의 주걱댕강나무는 전설만큼 대단한 건 아니지만 꽃의 생김새가 특별해서 '주걱댕강'이라는 이름과도 어느 정도 관련이 있어 보인다. '주걱'은 꽃부리의 끝이 주걱처럼 넓고 안쪽이 자루처럼 가는 형태를 비유한 듯하고, '댕강'은 부사로 쓰일 때 작은 물체가 단번에 잘려 나가거나 가볍게 떨어지는 모양 또는 그렇게 매달린 모양을 나타내므로 목을 길게 뺀 듯한 꽃모양을 묘사하는 듯도 하다. 꽃과 꽃받침이 아슬아슬하게 연결된 그 모습이 바로 '주걱댕강'의 이름에 걸맞다.

주걱댕강나무의 꽃부리는 옛날 유성기의 나팔을 연상시킨다. 그리고 꽃부리 아래쪽에 보이는 곤충을 유도하는 무늬는 악보와 같아서 감미로운 음악이 흘러나올 듯하다. 꽃받침은 연한 주황색의 별 모양으로 자기가 꽃만큼이나 아름답다는 듯 은근히 미모를 뽐낸다. 이래저래 천성산의 주걱댕강나무는 한나절을 충분히 즐길 만한 나무다.

# 대팻집나무의 특별함에 대하여

**대팻집나무** *Ilex macropoda* Miq.

중남부 이남의 높은 산지에서 15m까지 자라는 감탕나무과의 갈잎큰키나무. 긴가지에서는 잎이 어긋나고, 잔주름이 많은 짧은가지에서는 잎이 돌려난다. 암수딴그루로 5~6월에 짧은가지 끝에 지름 4mm 정도의 꽃이 모여 달린다.

대팻집나무는 그 쓰임새가 바로 나무의 이름이 된 특별한 경우다. 대패는 목재의 표면을 매끄럽게 깎아내는 연장인데, 요즘은 거의 기계대패로 대체되고 나무대패는 주변에서 보기 어려워졌다. 어떤 도구의 명칭이 나무 이름이 된 경우는 윷을 만든다는 윤노리나무와 이 대팻집나무밖에는 달리 떠오르는 사례가 없을 정도로 드물다.

나이 지긋한 사람들에게는 굳이 대팻집에 대해 설명하지 않아도 되겠지만 젊은이들에게는 약간의 도움말이 필요할 것 같다. 대팻집은 나무를 깎는 대팻날을 일정한 깊이로 단단하게 고정시켜 주는 나무틀이다. 목수는 대팻날의 깊이를 조절하면서 나무를 깎아내고, 깎인 목재, 즉 대팻밥은 대패의 등 쪽으로 종이테이프처럼 말려 나온다. 망치로 대팻집의 머리를 두드리면 날이 빠져서 나무가 얇게 깎이고, 아래쪽을 두드리면 날이 더 깊게 들어가서 대팻밥이 두꺼워진다.

나무 가운데에 구멍을 파서 대팻날을 끼우고 망치로 두드려 가며 깊이를 조절하는 대팻집을 보통 나무로 만든다면 십중팔구는 금이 가고 쪼개질 것이다. 대팻집나무는 같은 과의 감탕나무나 먼나무처럼 안껍질에 끈적끈적한 본드 같은 물질이 있어서 쉽게 갈라지지 않는다. 도끼질을 해보지 않더라도 도끼로 쪼개기가 가장 어려운 나무임이 분명하다.

중학교 실과시간에 온실 만들기, 닭과 토끼 기르기, 간단한 목공 작업, 시멘트 작업 등등을 배웠는데, 다른 건 모두 이론으로만 배웠고 목공은 간단한 책꽂이 만들기 실습을 했다. 그 실습시간에 처음 만져본 대패, 다시 말하자면 대팻집의 균질하고 매끄러웠던 촉감이 지금도 생생하다.

야생에서 대팻집나무는 그리 만나기 쉽지 않다. 내 경험으로는 대구 팔공산이나 경남 가야산 높은 곳에서 몇몇 그루를 만난 게 전부였다. 대팻집나무는 긴가지와 짧은가지가 뚜렷하게 구분되는 독특한 외관 때문에 알아보기가 쉽다. 게다가 짧은가지는 마디가 아주 촘촘해서 용수철처럼 보이는 특징이 있다.

이제는 많은 도구가 기계화와 자동화가 되어 나무 대패는 박물관에서 쉴 일만 남았다. 기계문명이 마냥 좋은 건 아니지만 적어도 대팻집나무는 한시름 덜게 되었다. 오랜 세월 동안 베어져 대패가 되었을 터이니 이제부터라도 온 산하에 번성하길 바랄 뿐이다.

# 멸종 위기에 처한 헛개나무

**헛개나무** *Hovenia dulcis* Thunb.

중부 이남의 산지에서 높이 15m 정도 자라는 갈매나무과의 갈잎큰키나무.
6~7월에 가지 끝과 잎겨드랑이에서 지름 7mm 정도의 꽃이 취산꽃차례로 핀다.
열매는 지름 8mm 정도의 구형으로 꽃차례 전체가 육질화되어 단맛이 난다.

옛날 중국 오나라의 육손(陸遜)은 여몽을 도와 촉의 명장 관우를 사로잡은 뛰어난 장수였다. 명장 육손과는 달리 잘 알려지지 않은 그의 넷째 아들 육기(陸璣)는 학문의 길을 갔다. 육기는 동식물에 관한 지식을 집대성한 『모시초목조수충어소』(毛詩草木鳥獸蟲魚疏)라는 방대한 박물지(博物誌)를 저술했으며 고전에는 종종 육씨(陸氏)로 등장한다.

육기는 그의 책에서 헛개나무에 대해 다음과 같이 설명하였다.

헛개나무는 여러 곳에 흔하고 나뭇가지는 곧지 않다. 8~9월에 열매가 익는데 강남의 것이 맛이 좋아 나무꿀(木蜜)이라고 한다. 술맛을 해칠 수 있어서 만약 그 나무로 집 기둥을 세우면 집 안의 술이 모두 싱겁게 된다.

중국 명나라 때 이시진이 저술한 『본초강목』에도 '열매는 숙취를 덜게 하고 간을 보호해주는 약효가 있다. 나무 조각을 술독에 넣으면 술이 물로 된다'는 구절이 있다. 주자(朱子) 역시 '헛개나무는 술에 취한 것을 풀어주며, 사람이 사는 집에 이 나무가 있으면 술을 빚어 만들 수 없다'고 서술한 기록이 있는 걸 보면 이 나무는 주취 해소에 탁월한 나무다.

조선 후기인 19세기 초에 유희가 저술한 물명고(物名攷)에도 '能解酒毒', 즉 '술독을 풀 수 있다'라는 기록이 있다. 솔직히 말해서 과거에 두주불사했던 내 경험으로는 헛개나무 음료에서 그러한 효과를 느끼지 못했다. 고서들의 기록이 과장되었는지 시중에 판매되는 헛개나무 음료가 제대로 제조되지 않았는지는 모를 일이다.

아무튼 중국의 고전들에서 발단이 되었음직한 헛개의 약효는 '술 권하는 사회' 대한민국에서 그렇지 않아도 귀하던 헛개나무를 함부로 베어지게 해서 지금은 사실상 멸종 상태에 이르렀다. '펜은 칼보다 강하다'라는 서양 격언은 동식물들에게도 적용되는 것 같다. 어쩌면 헛개나무와 같은 식물들에게 더 아프게 적중한 듯도 하다.

헛개나무에는 홋개나무, 호리깨나무 같은 우리말 이명들이 있으나 의미를 짐작하기 어렵다. 헛개나무는 한자로 구(枸) 또는 지구(枳枸)라고 쓰는데 개 구(狗)자와 발음이 같다. 헛개나무 枸자를 파자하면 진짜 개가 아닌 '나무 개'여서 '헛개'가 되지 않았을까 하는 추측도 해보았다.

# 꽃보다 수피가 아름다운 노각나무

**노각나무** *Stewartia psudocamellia* Maxim.

주로 영남과 전남의 산지에서 7~15m 높이로 자라는 차나무과의 갈잎큰키나무. 수피가 매끄럽고 얼룩무늬 모양으로 얇게 벗겨지며, 잎 표면의 맥이 들어가 있다. 6~7월에 지름 5cm 정도의 양성화가 피며 꽃잎 가장자리에 미세한 결각이 있다.

노각나무는 수피가 가장 아름다운 나무라고들 한다. 이 나무의 다른 이름인 비단나무나 금수목(錦繡木)은 비단에 수를 놓은 것처럼 무늬가 곱다는 이름이다. 노각나무의 수피는 나무가 성장하면서 그림맞추기 조각처럼 얇게 벗겨져 아름다운 무늬가 되고 벗겨진 시간차에 따라 녹황색, 갈색, 주황색, 상아색 등의 부드럽고 우아한 조화를 보여준다.

꽃보다 열매가 관심을 받는 식물은 많아도 수피가 더 주목받는 나무는 이 나무가 유일하다. 이 나무의 꽃은 소박한 차나무 꽃과 비슷한데 수피는 아주 특별하다. 그렇다면 노각나무라는 이름은 아름다운 수피와 관련이 있을 법한데 그 유래가 모호하다. 항간에는 수피 무늬가 녹각(鹿角)을 닮아서 녹각나무로 부르다가 노각이 되었다는 설이 있다. 내 눈으로는 아무래도 그 무늬가 사슴의 뿔을 닮아 보이지 않았다.

또 다른 유래설로는 옛날에 적의 공격을 저지할 목적으로 나무로 설치한 장애물이 사슴뿔을 닮아서 녹각목(鹿角木)이라고 했고, 이 나무가 재질이 단단해서 녹각목으로 쓰이다 보니 노각으로 변음이 되었다는 설이다. 그럴듯한 유래설 같기는 해도 직업군인이었던 나는 공감이 되지 않는다. 나무로 설치하는 장애물은 상황이 급할 때 설치하는 임시방편

노각나무의 꽃과 열매

이므로 그리 흔치 않은 나무로 목책을 설치했을 것 같지는 않다는 생각이다.

일본에서는 노각나무를 여름동백이라는 의미로 나쯔쯔바끼(ナツツバキ)라고 부른다. 일본 이름은 노각나무의 종소명 psudocamellia, 즉 개동백과 통하는 면이 있다. 그리고 노각나무의 다른 학명 '*S. koreana*'는 이 나무가 한국특산종임을 나타내는 것 같은데 현재 통용되는 '*S. psudocamellia*'는 일본노각나무와 같은 종으로 통합된 학명인 듯하다. 식물분류학에는 문외한인지라 이렇게 다른 견해가 있으면 어떤 쪽에 줄을 서야할지 난감하다.

노각나무는 국내에 자생하는 차나무과의 식물 중에서 유일하게 낙엽이 지는 나무다. 차나무과에는 차나무, 동백나무, 사스레피나무, 비쭈기나무, 후피향나무 정도로 몇 종이 되지 않는데 대부분 난대성 늘푸른나무여서 남부지방에 주로 분포한다. 노각나무는 같은 차나무과의 식물들 중에서 가장 추운 지역에서 자라는 나무이다.

노각나무는 희귀하다고까지는 말할 수 없으나 영남과 호남 일부 지역에서만 드문드문 볼 수 있다. 나는 지리산과 소백산 일대, 영남의 가야산과 인근의 천성산, 운문산 일대에서 이 나무를 가끔 본 적이 있다. 다들 이름 높은 산이니 산천 유람도 할 겸 자주 노각나무를 찾다 보면 언젠가는 '노각'의 의미를 알 수 있지 않을까.

# 근본 없는 이름 좀목형

**좀목형** *Vitex negundo* var. *incisa* (Lam.) C. B. Clarke

마편초과의 갈잎떨기나무로 경기도와 영남 등 일부 지역에 분포한다.
숲 가장자리, 바위 지대, 하천가 등지에서 1~3m 정도 높이로 자란다.
6~8월에 가지 끝부분의 잎겨드랑이에서 원뿔모양꽃차례로 꽃이 핀다.

좀목형이라는 뜻 모를 이름의 나무가 있다. 좀목형은 순비기나무, 누리장나무, 작살나무, 층꽃나무와 함께 마편초과에 속한다. 좀순비기나무라고도 하는데 이는 순비기나무 꽃과 비슷한 모양의 꽃이 아주 작아서 붙인 이름으로 보인다. 그러나 땅을 기면서 자라는 순비기나무와 여느 나무처럼 수직으로 자라는 좀목형의 모습은 전혀 다르다. 꽃차례와 전체적인 모양은 오히려 층꽃나무에 가까워서 아직 대면하지 못한 사람에게는 큰층꽃나무라고 하는 편이 이 나무를 그려보기 쉽게 해줄 것이다.

좀목형은 '목형'이라는 식물의 존재를 전제로 하는 이름인데, 한·중·일 삼국의 식물명에 '목형'이라는 식물은 없다. 추측건대 중국 이름 모형(牡荊)이 무슨 연유인지는 몰라도 '목형'으로 된 듯하다. 즉 한자 '수컷 모(牡)'자를 '기를 목(牧)'자로 오독한 단순한 실수이거나, 항간에 모단(牡丹)을 목단 또는 모란으로 읽는 관습 탓일 수도 있다. 아무튼 좀목형의 어간이 되는 '목형'은 '모형(牡荊)'이라는 이름으로 중국과 일본의 도감에서 찾아볼 수 있다.

모형(*V. negundo* var. *cannabifolia*)은 중국에 분포하며 국내에서는 자생하지 않는 나무로, 좀목형보다 덩치가 약간 크고 잎 뒷면에 털이 적은 사소한 차이가 있다고 한다. 모형의 일본 이름은 닌진보꾸(ニンジンボク, 人参木)이며, 이 식물의 잎이 인삼의 잎을 닮아서 유래한 이름이다.

요컨대 '좀목형'은 우리나라 사람들이 만날 수도 알 수도 없는 '모형'을 근간으로 삼은 이름이다. 게다가 그마저도 오독을 하고, 앞에 '좀'이라는 접두사를 조립해서 탄생한 해괴한 이름이라고 할 수밖에 없다.

좀목형을 처음 만난 건 그 이름의 의미에 대해 깊이 생각해보지 않았을 때였다. 어느 여름날 강둑에서 연보라색 작은 꽃을 피운 나무가 물빛 배경에 잘 어울렸다. 순비기나무 꽃보다는 훨씬 작은 꽃들이 무수히 피어 벌 나비들이 모여들었다. 수줍은 느낌이 드는 연보라색 꽃에서는 그에 어울리는 맑고 은은한 향기가 났다.

다소곳한 자태에 그렇게 곱상하고 향기로운 꽃을 피운 나무를 좀목형이라니! 마치 홍콩의 조폭 똘마니에게나 어울릴 법한 이름 같았다. 이름의 유래를 추적해보고 난 뒤에는 '좀목형'이라는 근본 없는 이름으로 부르기가 더욱 거북해졌다.

# 식물 사회의 약자 망개나무

**망개나무** *Berchemia berchemiifolia* (Makino) Koidz.

충북과 경북 일부 지역의 계곡, 산지 사면에서 자라는 갈매나무과의 갈잎큰키나무. 높이 15m, 지름 1m 정도까지 자라는 것으로 알려졌으나 그러한 거목은 희귀하다. 6~7월에 가지 끝이나 잎겨드랑이에서 취산 또는 원뿔모양꽃차례로 꽃이 달린다.

망개나무는 비중이 0.8이 넘는 단단한 나무다. 또한 가지가 곧게 뻗고 자람도 비교적 빠르다. 재질이 질겨서 농기구를 만들기에 적합하며, 비중이 높아 땔감으로도 안성맞춤이다.

위 문단은 인터넷에서 검색한 망개나무 설명문의 마지막 부분이다. 그런데 그 글의 중간에는 '세계적인 희귀 수종'이며, 국내의 오래된 망개나무와 군락지는 '천연기념물로 보호'되고 있다는 내용이 있다. 그런 나무를 설명하면서 '땔감으로 안성맞춤'으로 마무리한 건 도무지 이해가 되지 않았다.

편집 과정의 단순 실수로 '그러한 연유로 과거에 농기구를 만들거나 땔감으로 많이 베어졌으며, 남아 있는 군락은 천연기념물로 보호하고 있다'라는 한 문장이 누락되지는 않았을까 하는 의구심이 들었다. 이 나무의 내력에 대해 아는 것이 없어서 오직 문헌 정보에 의존해야 할 입장에서는 상당한 모순으로 보였기 때문이다.

여러 자료를 검색해서 얻은 공통적인 내용은 망개나무는 유전적 다양성과 결실 및 발아율, 그리고 다른 수종과의 생존경쟁력이 낮아서 한·중·일 동양 삼국에서 모두 희귀한 나무라는 점이었다. 한마디로 희귀종 또는 취약종의 요건

망개나무(왼쪽)와 까마귀베개(오른쪽) 열매

을 두루 갖춘 나무다. 우리나라에서는 백 년이 넘은 나무 두 그루와 군락지 한 곳을 천연기념물로 지정하여 보호하고 있다.

망개나무는 식물사회의 약자 취급을 받고 있음이 분명한데, 나무 자체로는 특기할 만한 것이 없다. 단지 제주도나 호남 남해안 지역에 흔한 까마귀베개(*Rhamnella japonica*)와 아주 비슷한데도 다른 속으로 분류되고 있는 이유가 조금은 궁금하다. 까마귀베개는 수피가 짙은 갈색에 마름모꼴 피목(皮目)이 생기고 망개나무는 갈색 수피가 그물 모양으로 갈라진다. 그리고 까마귀베개는 꽃차례가 잎겨드랑이에만 다닥다닥 붙는 반면에, 망개나무는 가지 끝에서도 꽃줄기를 내어 원뿔모양꽃차례를 이루는 정도의 차이밖에 없다.

망개나무하면 청미래덩굴을 먼저 떠올리기 십상이다. 청미래덩굴을 망개나무로 부르는 지방이 많기 때문인데, 두 식물은 분류계통으로나 형태상으로 아무런 관련이 없다. 어떤 망개나무든 간에 '망개'의 의미나 유래는 여전히 풀지 못한 숙제다.

# 07 북방 높은 산의 나무

지금은 잃어버린 우리의 옛 땅 만주와 백두산 일대에는
한반도 남쪽에서 볼 수 없는 다양한 나무들이 자란다.
백두산 높은 곳에는 가솔송, 좀참꽃, 담자리참꽃, 노랑만병초가,
주변에는 황산차, 백산차, 월귤 종류, 장지석남 등이 자라는데
이들은 모두 진달래과의 일원으로 다채로운 모습을 보여준다.
자작나무, 사스래나무, 가문비나무, 종비나무처럼 큰키나무들은
한대지방에서는 이국적인 풍경을 연출하는 큰 군락을 이루고
지리산까지 이어지는 백두대간을 따라 점점이 분포한다.

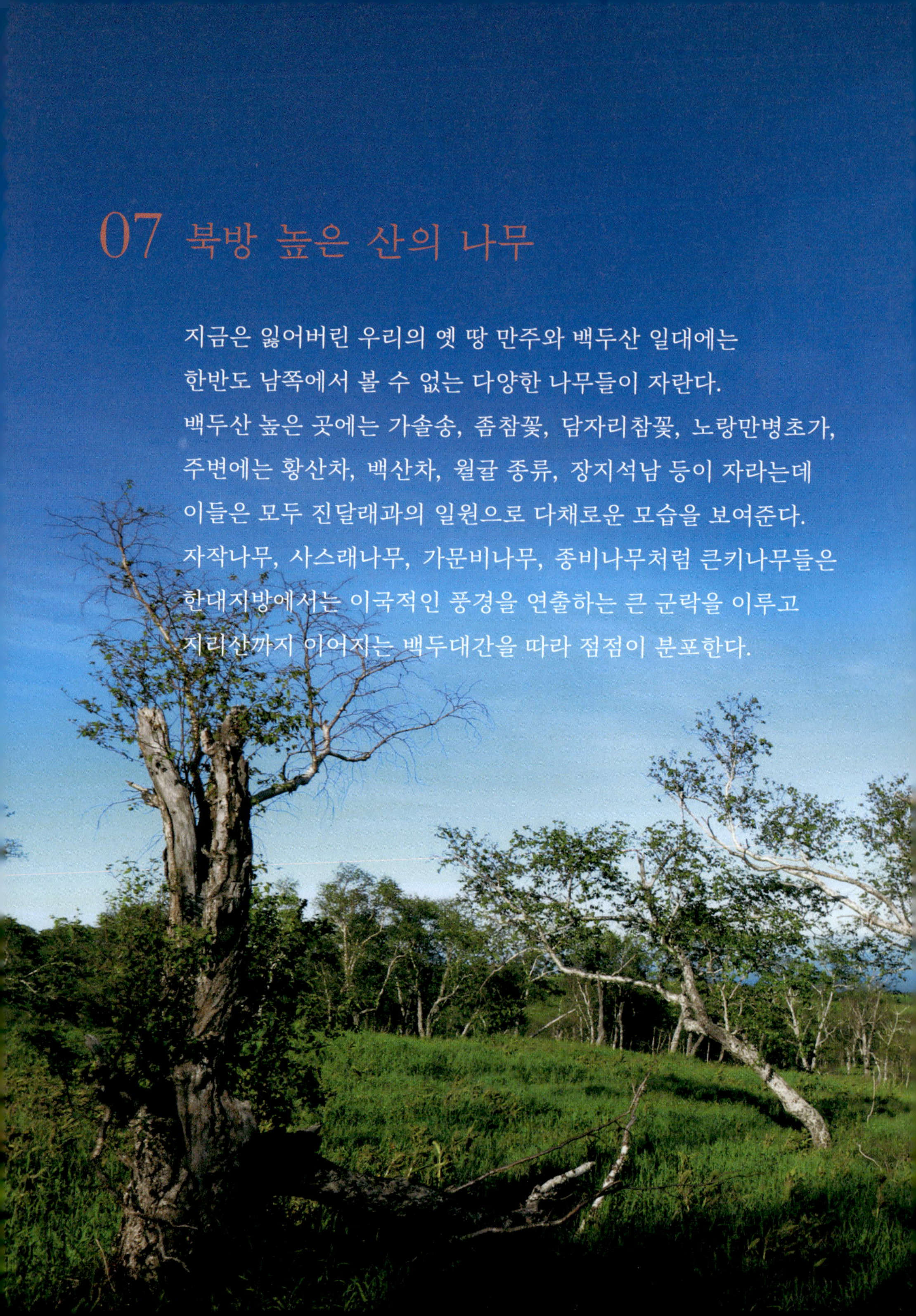

서백두의 사스래나무 군락 ©한승희

# 가솔송

태고의 언덕에
나의 심장을 얹고
꽃 분홍 입술에
내 눈 부실 때
터질 듯한 가슴으로
너를 품는다

구름바다 위
백두 절정
한 방울 이슬에
수줍어 고개 숙인
작은 꽃

어미는 진달래
소나무의 딸
가솔송이라지

**가솔송** *Phyllodoce caerulea* (L.) Bab.

백두산 일대의 해발 2,000m 이상 고원에서 자라는 진달래과의 늘푸른떨기나무. 툰드라 초원의 누운 줄기에서 가지가 나와 반 뼘 남짓한 높이로 곧게 선다. 7~8월에 길이 8mm 정도의 단지 모양 꽃이 가지 끝에 2~6개가 달린다.

# 천국의 카펫 담자리참꽃

**담자리참꽃**

*Rhododendron lapponicum* subsp*. parvifolium* var. *alpinu* (Glehn) T. Yamaz.

고산초원에서 한 뼘 미만 높이로 자라는 진달래과의 늘푸른떨기나무.
6월 중순부터 진달래꽃과 비슷한 꽃 서너 개가 줄기 끝에 달린다.

유월 중순 백두의 고산초원에 눈이 녹으면 눈길 닿는 끝까지 꽃밭이 된다. 그 꽃밭은 자줏빛 바탕에 간간이 상앗빛 무늬가 수놓인 카펫을 연상시킨다. 큰키나무라고는 전혀 찾아볼 수 없는 광대한 초원을 물들이는 자줏빛은 담자리참꽃의 무리고 상앗빛은 노랑만병초나 담자리꽃나무들이다. 개감채, 두메자운, 가솔송, 두메양귀비, 고산봄맞이처럼 크기가 자잘한 꽃들은 밤하늘의 은하수처럼 흩어져 있다.

담자리참꽃은 1937년에 발간된 『조선식물향명집』에서 처음 나온 이름이다. 담자리는 짐승의 털로 색을 맞추고 무늬를 놓아 두툼하게 짠 부드러운 담요를 일컫는 말이라고 한다(한국 식물 이름의 유래, 조민제 외). 북한 지역의 방언인지 옛날에 쓰였던 사어(死語)인지는 모르겠으나 요즘 말로 카펫이나 양탄자와 비슷하지 않을까 싶다. 참꽃은 진달래의 다른 이름이므로 담자리참꽃은 '카펫을 깔아놓은 듯이 피는 진달래'다.

고산초원보다 낮은 지대의 습지에서는 담자리참꽃과 아주 비슷한 황산차가 자란다. 황산차는 중국의 황산 지방에서 나는 차(茶)라는 중국 식물명으로, 『조선식물향명집』에서는 황산참꽃으로 표기되어 있다. 고지대에서 발목 아래로 자라는 담자리참꽃에 비해 황산차는 가슴 높이 정도까지 자라는데, 꽃이나 잎은 전혀 차이가 없어서 어떤 학자들은 두 식물을 같은 종으로 보거나 황산차에 비해 크기가 작은 담자리참꽃을 애기황산차라는 변종명으로 부르기도 한다.

비슷한 이름을 가진 담자리꽃나무도 백두산의 고산초원에서 담자리참꽃과 어울려 핀다. 담자리꽃나무는 진달래과의 담자리참꽃과는 달리 찔레꽃을 닮은 꽃이 피는 장미과의 식물로 '담자리'라는 접두사에서 알 수 있듯이 고산초원에서 카펫처럼 땅에 깔리면서 자란다. '담자리꽃나무'보다는 '담자리찔레'라고 했더라면 헷갈리지도 않고 식물의 정체성도 명확해지지 않을까 하는 생각이 들었다.

아무튼 누구나 백두의 고산초원을 '천상의 화원'으로 부르기에 주저하지 않는다. 단테의 신곡에 묘사된 천국에서는 꽃들이 등장하지 않는다. 그의 천국은 하늘 높은 곳에 있어서 신비로운 구름과 황홀한 광채와 보석들이 빛나며 감미로운 음악이 흐르는 가운데 거룩하고 착한 영혼들이 축복을 받는 곳이다. 나의 절친한 꽃벗들은 꽃이 없는 그러한 천국에는 보내준다 해도 마다할 것 같다. 꽃벗들이 그리는 천국은 분명 백두의 천상화원 같은 곳이리라. 담자리참꽃과 담자리꽃나무의 카펫을 걸을 수 있는 그곳이 생전에 가 볼 수 있는 천국이다.

## 황산차

*Rhododendron lapponicum* (L.) Wahlenb.

북반부 한대지역에서 가슴 높이 정도로 자라는 늘푸른떨기나무. 어린 가지와 잎 뒷면에 적갈색의 인모가 빽빽하게 난다. 5~6월에 가지 끝에서 지름 2cm 정도의 꽃이 2~5개씩 달린다.

## 담자리꽃나무

*Dryas octopetala* L.

백두산 일대의 고산지대에서 땅을 기며 자라는 장미과의 늘푸른떨기나무. 잎가장자리에 둔한 톱니가 있고 잎맥이 깊게 들어가며 살짝 뒤로 말린다. 6~7월에 가지 끝에 지름 2cm 정도의 양성화가 줄기 끝에 달린다.

# 일망무제 고원의 노랑만병초

**노랑만병초** *Rhododendron aureum* Georgi

설악산 이북의 고산지대에서 30~100cm 높이로 자라는 진달래과의 늘푸른떨기나무. 잎이 약간 뒤로 말리며 5~6월에 가지 끝에서 나온 꽃차례에 상아색 꽃이 핀다.

중국 땅에서 백두산을 오르는 길은 서, 남, 북의 세 방향에서 나 있다. 이 길들은 각 방위에 언덕이나 능선을 뜻하는 파(坡)를 붙여 서파, 남파, 북파라고 부르며, 동쪽에서 오르는 길은 중국식으로 말하면 동파겠지만 지금은 갈 수 없는 북한 땅이다. 남파는 압록강 상류를 끼고 오르는 백두산의 남쪽 비탈인데 접근성이 좋지 않아 찾는 사람이 드물어서 북파나 서파보다 오롯이 백두산을 느낄 수 있는 곳이다.

남백두 정상부의 눈이 거의 녹을 무렵 그곳에서 일출을 맞을 기회가 있었다. 남파에서 해 뜨는 쪽을 바라보면 그곳은 모두 우리 땅 개마고원의 북단이다. 오전 다섯 시를 몇 분 앞두고 아득한 개마고원의 저편에서 해가 떴다. 햇살이 어둠을 걷을 때 처음으로 눈에 들어온 꽃이 노랑만병초의 무리였다. 고산화원을 수놓은 꽃들 중에서 가장 밝은 색에다 크기도 커서 먼저 보인 것이다. 마치 초원에서 풀을 뜯는 무수한 양떼의 모습으로 보였다.

날이 더 밝아오면서 담자리참꽃이나 가솔송과 같은 자줏빛 꽃이 눈에 들어오기 시작했고 개감채나 좀설앵초 같은 작은 꽃들도 차례로 존재감을 드러냈다. 노랑만병초는 백두산 고원 어느 곳에서나 무리 지어 피고 천지 물가에서도 장관을 이룬다. 그러나 대평원처럼 평탄한 남파 중턱의 대군락이 그중 제일이라는 생각이 든다.

일망무제(一望無際)! 말로만 듣던 일망무제를 생애 처음으로 경험한 곳이었다. 사방에 눈길 가는 곳까지 사람이 세운 것이라고는 단 한 점도 보이지 않았다. 지나온 날이나 앞으로 살아갈 날에 또 이런 광야에 설 기회가 있을까 싶었다. '까마득한 날에 / 하늘이 처음 열리고 / 어데 닭 우는 소리 들렸으랴' 이육사의 시 '광야'의 첫머리 그대로인 장관이었다.

엷은 안개가 맑고 따사로운 햇살에 자리를 내주는 광야, 그 위를 달리는 바람 소리… 오감으로 와 닿는 그 모든 것들이 태초와 조금도 다르지 않았으리라. 그 무애함은 인간 세상으로부터 완전하게 벗어난 자유였다. 분명 몇 걸음만 내디디면 한중 국경일 텐데 그 어떤 경계의 표식도 보이지 않았다. 긴장감이 팽팽해야 할 국경에서 완전한 자유를 느끼다니 이런 반전(反轉)이 있을까 싶을 지경이었다.

노랑만병초의 무리는 보이지 않는 국경을 지우며 화사하게 꽃을 피우고 있었다. 만병초라는 이름은 모든 병을 고칠 만큼 몸에 좋다는 이름이지만 그 약성이 상당히 독해서 함부로 복용하면 도리어 만 가지 병을 얻을 수도 있다고 한다. 일망무제의 백두산 자락에 올라 노랑만병초 무리를 보는 것만으로도 만병이 나을 듯했다.

**만병초**

*Rhododendron brachycarpum* D. Don ex G. Don

지리산 이북의 높은 산지 능선이나 울릉도에서 드물게 자란다. 높이 1~4m 정도. 잎은 가지 끝에서 5~8개씩 모여 달리며 가장자리는 밋밋하고 약간 뒤로 말린다. 6~7월에 가지 끝에 나온 꽃차례에 흰색 또는 연분홍색의 꽃 5~15개가 모여 핀다.

# 신화 속의 안드로메다 장지석남

**장지석남** *Andromeda polifolia* f. *acerosa* C. Hartm.

북반구의 한대 지역과 함경도의 산지 습지에 분포하는 진달래과의 늘푸른떨기나무. 한 뼘 남짓한 높이로 자라며 잎은 길이 1.5~4cm로 좁은 피침형이고 광택이 난다. 5~6월에 가지 끝에서 항아리 모양의 분홍색 꽃이 2~6개씩 모여 달린다.

안드로메다는 바다 괴물 케토에 바쳐진 제물로 바닷가 바위에 쇠사슬로 묶여 있었다. 이때 하늘을 날고 있던 제우스의 아들 페르세우스가 이 위기의 순간을 보고 괴물을 퇴치했다. 안드로메다가 제물로 바쳐진 건 그녀의 어머니인 카시오페이아의 교만 때문이었다. 에티오피아의 왕후 카시오페이아는 자신의 미모를 바다의 요정 네레이데스들과 비교했다. 네레이데스들은 기분이 몹시 상해 바다의 신 포세이돈에게 인간들을 벌주도록 부탁했고, 포세이돈은 에티오피아에 홍수와 전염병과 괴물 여신 케토를 보내 나라를 파괴토록 했다. 왕이 나라를 지킬 방도를 암몬 신에게 묻자 신은 안드로메다 공주를 제물로 바쳐야 한다고 했다.

장지석남이 자라는 라오리커 습지에서는 이런 신화의 한 장면이 재현되고 있었다. 속명이 안드로메다(Andromeda)인 아름다운 꽃 장지석남이 여주인공이다. 습지에 가득 피어 바람에 휘날리는 황새풀은 하늘을 나는 페르세우스를 닮았고, 바다에서 입을 벌리고 다가오는 괴물 케토의 역할은 긴잎끈끈이주걱이 맡고 있다. 넌출월귤은 복수를 바라는 네레이데스들처럼 고개를 쑥 빼고 제물의 희생을 기다리고, 주변 숲에 숨어서 마음 졸이며 지켜보고 있는 나도제비란은 카시오페이아 역을 맡고 있다. 장지석남의 속명으로 안드로메다를 쓴 연유는 알 수가 없으나 막연하게 신화 속의 공주처럼 아름다운 꽃이어서가 아닐까 짐작할 따름이다.

안드로메다를 구하는 페르세우스. 주세페 세자리 作

라오리커(老里克) 습지는 백두산이 멀리 보이는 해발 1,470m의 고원에 있는 30만 제곱미터 정도의 자연 습지다. 일본이 세운 허수아비 국가였던 만주국 사람 라오리커가 연중 절반 이상 얼어 있는 이 습지를 발견하여 러시아의 남진을 저지하기 위한 임시 군용비행장으로 사용한 데서 비롯한 이름이다.

종비나무와 가문비나무의 울창한 숲으로 둘러싸인 이곳은 천연의 습지식물원이다. 장지석남을 비롯해서 넌출월귤, 긴잎끈끈이주걱, 황새풀, 장지채, 물지

채, 개통발, 조름나물, 나도제비란, 제비붓꽃 등 우리나라에서는 만나기 어려운 희귀한 식물들이 번성하고 있다. 그중에서도 장지석남은 백두산 주변의 다른 습지에서는 볼 수 없는 귀하신 몸이다.

장지석남은 사할석남, 화태석남, 대택석남, 각시석남, 애기석남 등 여러 이름으로 불리는데, 이 이름을 모두 종합하면 '함경남도 장지, 사할린(화태) 등지의 대규모 습지에서 자라는 작고 귀여운 늘푸른떨기나무'라는 의미가 되어 이 식물의 특징을 잘 설명할 수 있다. 모든 이름에 들어가는 석남(石南)은 중국과 일본에서 '상록활엽관목'이라는 뜻으로 쓰이고, 각시석남은 일본명 히메샤쿠나게(ヒメシャクナゲ)를 우리말로 옮긴 이름이다. 정태현 선생과 함께 나카이의 식물탐사에 동반했던 박만규 선생은 이런 이름이 못마땅했던지 '선애기진달래'(우리나라식물명감, 1949)로 명명했으나 국명으로 채택되지 못했다.

무슨 석남이라는 이름도 영 마뜩찮고 선애기진달래도 썩 좋은 이름 같지는 않다. 그럴 바에야 루드베키아나 린네풀, 펠리온나무처럼 차라리 속명 '안드로메다'를 정명으로 쓰는 게 이 작고 예쁜 식물에 어울릴 듯하다.

장지석남과 함께 자라는 습지식물. 왼쪽으로부터 황새풀, 긴잎끈끈이주걱, 넌출월귤

# 백산차를 닮은 여인을 생각하다

**백산차** *Ledum palustre* var. *diversipilosum* Nakai

개마고원과 백두산 일대에서 무릎 높이 남짓 자라는 진달래과의 늘푸른떨기나무.
잎은 좁은 피침형 또는 장타원형이고 6~7월에 지름 6mm 정도의 꽃이 모여 핀다.
잎의 폭에 따라 왕백산차, **좁은백산차** 등으로 구분했으나 근래에 통합되는 추세다.

김일엽(金一葉)은 한때 조선의 신여성, 여성해방과 자유연애의 아이콘이었다. 그녀는 불처럼 타오르던 사랑을 이루지 못하자 '타락이냐 자살이냐'의 기로에 선다. 그 갈림길에서 만공 스님을 만나 삭발을 한 후 수덕사의 여승이 되어 일생을 마쳤다.

문인이었던 그녀에게 만공 스님은 다시는 글을 쓰지 말라는 계(戒)를 내렸다. 그러나 30년 후 일엽 스님은 토해내지 않고는 눈감지 못할 인생고백과 같은 수필집을 낸다. 그 책 '청춘을 불사르고'의 머리말에는 이런 구절이 있다.

'타락이냐, 자살이냐?'의 분기점에서 맘 붙일 데 없이 헤매던 나는 그때 가장 위험한 생명체였던 것이다. 천우신조! 이때 나는 다행히 만사를 해결할 수 있는 불법(佛法)을 만났다. 불탄 송아지 같이 날뛰던 이 청춘을 불살라 버리고 영원한 청춘! 길이길이 싱싱하게 되어 시들어지지 않는 청춘을 증득하는 불법을 얻으려고 입산한 것이다.

이 무렵 스님의 표현처럼 '가장 위험한 생명체'와 같은 여인이 또 있었다. 조선 최초의 여류 서양화가로 알려진 나혜석도 스님과 비슷한 기로에 서 있었던 것이다. 일엽 스님과 동갑이었던 그녀 역시 수덕여관에 머물며 만공 스님께 비구니가 되게 해달라고 간청했으나 '너는 중이 될 사람이 못 된다'며 거절을 당하고 행려병자로 비극적 삶을 마치게 된다. 그 전에는 '사의 찬미'로 유명한 여류성악가 윤심덕이 현해탄에서 삶을 버렸다.

백산차를 처음 만났을 때 무슨 까닭인지 그 수덕사의 여승이 떠올랐다. 백산차는 진달래과의 식물인데 눈처럼 흰 꽃이 피고 향기가 아주 짙다. 온 산에 불붙듯이 핀 진달래가 청춘이라면 백산차는 '청춘을 불사르고' 하얗게 재가 된 진달래다. 그 짙은 향기는 뜨거운 사랑과 회한과 고뇌가 승화된 카타르시스와 같았다.

백산차(白山茶)는 백두산에서 나는 향기로운 차라는 이름이다. 엄혹한 환경에서 살면서도 늘푸른잎으로 겨울을 나며 깊은 향기를 지니고 있다. 백산차는 개마고원과 백두산 그 이북에 분포하는 아한대 식물이다. 국내에서는 백두대간과 낙동정맥을 따라 백산차와 비슷한 꼬리진달래를 볼 수 있다. 꼬리진달래는 꽃차례가 백산차와 많이 닮았고 잎이 좀 넓은 차이가 있다.

생사의 기로에서 스님은 분명 그때 진달래에서 백산차로 돌연변이를 일으킨 것 같다. '천우신조의 불법'을 만나 변이를 일으키지 못했더라면 남은 생을 살 수 없었을 것이다. 시대를 앞서가던 여인들이 냉엄한 현실 앞에서 좌절할 수밖에 없었을 때 두 여인은 붉은 진달래인 채로 낙화가 되었고 일엽은 하얀 백산차로 환생한 듯하다.

**꼬리진달래**

*Rhododendron micranthum* Turcz.

강원, 경북, 충북의 바위 지대 및 건조한 사면에 분포하며 1~2m 정도 자란다. 잎은 줄기에서 어긋나며 가지 끝에서 모여 나고 뒷면에 비늘털이 밀생한다. 6~7월에 지름 7mm 정도의 깔때기 모양 꽃 10~20개가 가지 끝에 모여 핀다.

# 귀염둥이 꼬마 진달래 좀참꽃

**좀참꽃** *Rhododendron redowskianum* Maxim.

백두산 일대의 높은 산지에서 한 뼘 높이로 자라는 진달래과의 떨기나무.
상록성이거나 반상록성이고 잎은 거꿀달걀모양으로 끝이 둥글다.
6~7월에 줄기 끝에 지름 2cm 정도의 꽃이 한 개씩 달린다.

2020년에는 9월 초에 백두산 천지 주변에 첫눈이 내렸다. 해마다 9월 중순 무렵에 첫눈이 내리는 데 비해 보름 정도 빨랐다고 한다. 초순이나 중순이나 우리가 사는 땅에서는 미처 더위가 물러가지 않은 계절인데 먼 나라도 아닌 같은 한반도에서 그렇게 겨울이 빨리 오는 것이 놀랍다. 첫눈으로부터 눈이 녹을 때까지를 겨울로 친다면 백두산의 겨울은 아홉 달이나 되는 셈이다.

백두산 천지를 덮은 얼음은 6월 중순이 넘어야 풀린다. 그때부터 고산 화원의 봄이 시작되고 온갖 꽃들이 발 디딜 틈도 없이 다투어 핀다. 그때부터 첫눈이 내릴 때까지 석 달은 봄 여름 가을을 구분하는 게 사실상 의미가 없다. 밤에 얼지 않고 낮 동안은 따뜻해서 식물들이 꽃 피우고 열매 맺기에 바쁜 계절일 뿐이다.

그렇게 높은 곳에 사는 식물들은 풀이나 나무나 대체로 발목 높이 정도로 자란다. 좀참꽃도 그 작은 꽃들 중의 하나로 한 뼘 정도 자라는 작은 진달래라는 이름이다. 백두산 높은 곳과 그 주변에는 진달래과의 나무들이 유난히 많은데, 이를테면 노랑만병초, 담자리참꽃, 가솔송, 월귤, 들쭉나무, 백산차, 황산차 같은 것들이다. 이러한 진달래 가족들 중에 좀참꽃은 크기로나 모양으로나 중간쯤 되는 위치에 있다.

담자리참꽃, 황산차, 그리고 좀참꽃은 진달래과 식물의 종주격인 진달래속(Rhododendron genus)의 나무로 한눈에도 진달래의 형제들임을 알 수 있다. 그중에 막내격인 좀참꽃은 덩치도 작고 꽃 아래쪽이 벌어져서 다른 꽃들과 약간 다르다. 좀참꽃보다 더 작은 가솔송이나 월귤, 장지석남 같은 식물들은 같은 진달래과 집안에서 각각 다른 속으로 분류가 되므로 분류계통으로는 좀참꽃이 분기점에 선 이정표처럼 보인다.

좀참꽃은 백두산에 눈이 녹는 6월 하순에 꽃이 피고 8월 초순이 되면 거의 씨방이 여문다. 그 빨간 씨방도 꽃처럼 예뻐서 몇 걸음 앞에서는 저건 또 무슨 꽃일까 하고 다가가게 된다. 그런 모습은 좀참꽃이 가솔송이나 월귤, 장지석남 같은 작은 나무들과 친척뻘인 걸 짐작케 한다.

백두 정상에서 열매 맺은 좀참꽃

# 블루베리의 다른 이름 월귤

**월귤** *Vaccinium vitis-idaea* L.

강원 북부 이북의 높은 산에서 한 뼘 남짓 자라는 진달래과의 늘푸른떨기나무.
잎은 어긋나며 길이 1~2cm의 거꿀달걀모양이고 가장자리에 잔 톱니가 있다.
5~7월에 지름 1cm 정도의 꽃 2~8개가 달리고 열매는 지름 8mm 정도다.

인디언들은 수 세기에 걸쳐 자연에서 블루베리를 채취해서 먹었다고 한다. 블루베리가 많이 자라는 미 북동부지역의 인디언들은 별 모양의 블루베리 꽃받침을 보고 '위대한 영혼이 별 모양 베리로 아이들의 배고픔을 달래주었다'는 이야기를 한다고 들었다.

시장에서 유통되는 블루베리는 진달래과 월귤(Vaccinium)속의 한 열매를 지칭하지만 모양이나 맛이 비슷한 월귤속의 모든 열매를 블루베리라고 해도 무방할 것 같다. 지구상에는 월귤속의 식물이 200여 종 정도 알려져 있고 국내에는 정금나무, 들쭉나무, 월귤, 산앵도나무, 모새나무 등이 같은 속으로 열매가 비슷하다. 그렇다면 정금, 들쭉, 월귤, 산앵도는 모두 자생환경에 따라 조금씩 형태상의 차이를 보이는 블루베리의 일가라고 할 수 있다.

그중에 월귤(越橘)은 열매가 붉게 익으므로 블루베리라고 부르기에는 좀 뭣하지만 맛이 블루베리와 비슷하고 꽃받침이 별 모양이어서 그들의 형제임에는 틀림이 없다. 월귤을 땃들쭉이나 땅들쭉이라고도 하므로 이들의 친척관계가 짐작된다. 월귤은 나무지만 풀꽃인 은방울꽃보다 작은 편이고 꽃의 모양은 꽤 닮았다. 국내에서는 홍천과 설악산 일대의 높은 산지에서 드물게 자라므로 보기가 어렵다.

넌출월귤은 덩굴로 기는 월귤이라는 이름으로 열매는 월귤과 비슷하다. 남한에서는 볼 수 없고 함경도와 백두산 주변의 고원 습지에서 볼 수 있다. 넌출월귤은 꽃이 배풍등 꽃과 아주 비슷해서 언젠가 백두산에 처음 간 꽃벗에게 농담 삼아 '장백배풍등'이라고 가르쳐줬더니, '아 정말 배풍등 꽃과 닮았군요' 하면서 그걸 노트에 적어서 열심히 '장백배풍등, 장백배풍등' 하면서 외우고 있었다. 동료들이 박장대소하면서 본이름을 가르쳐 주었지만 그 꽃벗은 '장백배풍등'을 잊지 못할 것이다.

홍월귤은 월귤과 다른 Arctous속으로 분류되지만 열매를 먹을 수 있고 맛도 비슷하다. 설악산과 백두산 일대의 고산 암석 지대에서 드물게 볼 수 있다. 상록성인 월귤과는 달리 잎이 붉게 단풍이 들어서 홍월귤이 되었지 싶다.

넌출월귤은 백두산에 가야 볼 수 있지만 월귤과 홍월귤은 남한에 아직 남아있다. 지구온난화로 북방의 식물들이 점점 이 땅에서 사라져 간다고 하는데 풀꽃보다도 작은 이 귀여운 나무들이 오래오래 우리 곁에 있어 주기를 소망한다.

**넌출월귤** *Vaccinium oxycoccos* L.

백두산과 개마고원 주변의 습지에서 땅을 기며 자라는 늘푸른덩굴나무.
6~7월에 가지 끝에서 연분홍색의 꽃 1~2개가 아래쪽을 보고 핀다.
열매는 지름 6mm 정도의 구형으로 8~9월에 붉게 익는다.

**홍월귤** *Arctous rubra* (Rehder & E. H. Wilson) Nakai

설악산 이북의 고산 지대 암석지에서 한 뼘 이하로 자라는 갈잎떨기나무. 5~6월에 길이 5mm 정도의 상아색 꽃이 가지 끝에 3~7개씩 모여 달린다. 열매는 지름 7mm 정도의 구형이며, 8월에 암자색으로 익고 신맛이 난다.

# 백두산 천지의 눈산버들

**눈산버들** *Salix divaricata* var. *metaformosa* (Nakai) Kitag.

북부 고산 지대에서 무릎 높이 남짓 자라는 버드나무과의 갈잎떨기나무. 줄기가 땅을 기며 잎은 양끝이 뾰족하고 가장자리에 얕은 톱니가 있다. 암수딴그루로 5~6월에 잎이 나기 전에 이삭모양꽃차례로 꽃이 핀다.

백두산 천지의 봄은 유월 중순에서야 시작된다. 이 무렵 가장자리부터 얼음이 녹기 시작해서 7월에 들어서야 마지막 얼음 조각이 사라진다. 꽤 오래전에 얼떨결에 따라나선 백두산 탐사길에 운 좋게 천지 물가까지 내려갈 기회가 있었다.

백두산의 중국 영역 최고봉인 천문봉(해발 2,650m)에서 능선을 따라 동쪽으로 500여 미터쯤 가서 분화구의 비탈로 미끄러지듯 내려갔다. 화산회토에 덮인 비탈은 한 발 내디디면 세 걸음 미끄러지고 올라올 때는 그 반대였다. 옛날에 그

길로 등소평이 내려갔다고 해서 현지인들은 그 길을 등소평루트라고 불렀다. 그 작고 동글동글한 분은 데굴데굴 굴러가는 게 빠르지 않았을까 하는 생각까지 들었다.

비록 남의 나라 땅을 통해 도달한 천지였으나 그때의 감격과 전율을 잊지 못한다. 천지는 온통 얼음에 덮여 있었으나 가장자리에는 막 녹은 맑은 물이 찰랑거렸고 그곳에서 맞은편으로 보이는 서백두의 그늘진 비탈은 여전히 흰 눈을 두르고 위풍당당했다. 가이드는 북한과의 경계에 자리 잡고서 그쪽으로는 접근하지 말라는 경고를 주었다.

천지 물가에서 만난 꽃들이 참 많았다. 그 무렵 난쟁이 진달래인 담자리참꽃은 이미 절정에 이른 듯했고 두메자운, 돌꽃, 가솔송, 개머위, 개감채 등등이 막 꽃망울을 터뜨릴 참이었다.  모두가 처음 보는 꽃들이었는데 저만치서 낯익은 버들강아지들이 몽실몽실 피고 있었다. 천지 물가에도 버드나무가 있다니 천리타향에서 친구 만난 듯 반가웠다. 온통 예쁜 꽃들에만 정신이 팔려 있던 때라 대충 사진을 찍어두고는 높은 곳이라서 땅을 기는 것이려니 했다.

귀국해서 사진 정리를 하면서 그 버드나무가 난장이버들이거나 눈산버들인 걸 알게 되었다. 눈산버들이란 높은 산에서 누워서 자란다는 이름이겠지만 눈 덮인 산을 배경으로 핀 그 버들에게 딱 어울리는 이름이기도 하다. 난장이버들은 묵은가지에 꽃이 피고 눈산버들은 새가지에 꽃이 피는 차이밖에 없고, 학명으로도 두 나무는 변종의 관계임을 밝히고 있다.

그 후에도 몇 번 백두산 탐사를 하면서 콩버들이나 진퍼리버들 같은 고산의 버드나무를 만났다. 콩버들은 잎과 꽃차례가 콩만 해서 여간 귀엽지 않았고 진퍼리버들은 이름처럼 습지에서 살고 있었다. 아무튼 다시 천지에 갈 수 있어야 그 버들이 난장이인지 눈산인지 가려볼 수 있을 텐데 요즘 돌아가는 동북아 정세로 봐서는 언제 그런 날이 올는지 기약할 수가 없다.

### 콩버들

*Salix nummularia* Andersson

백두산 정상 부근에서 줄기가 지면으로 뻗으며 자라는 갈잎떨기나무. 잎은 넓은 타원형으로 길이는 1.5cm 정도이고 가장자리에 톱니가 없다. 암수딴그루로 6~7월에 수꽃차례는 가지 끝에서 밥알 크기로 곧추서고, 암꽃차례는 가지 둘레에 이삭꽃차례로 4~7개가 달린다.

### 진퍼리버들

*Salix myrtilloides* L.

백두산 일대의 고원 습지에서 허리 높이 정도로 자라는 갈잎떨기나무. 가지가 많이 갈라지며, 잎가장자리는 밋밋하고 뒷면은 흰색에 가깝다. 암수딴그루로 5~6월에 수꽃차례는 원통형, 암꽃차례는 난형으로 핀다.

# 수목한계선의 큰키나무 사스래나무

**사스래나무** *Betula ermanii* Cham.

고산 지대의 정상부에서 10~15m 정도 자라는 자작나무과의 갈잎큰키나무.
5~6월에 잎과 동시에 수꽃차례는 길이 5~7cm로 여러 가닥이 아래로 늘어지며
암꽃차례는 길이 2cm 정도로 가지 끝에서 약간 안쪽에서 위를 향해 핀다.

사스래나무는 우리나라에서 손꼽는 높은 산에서만 볼 수 있는 나무다. 그리고 이 나무의 자생지보다 높은 곳에서는 더이상 큰키나무를 만날 수 없다. 교목이 살 수 있는 가장 높은 땅, 즉 수목한계선은 해발 1,800m 정도인데 사스래나무는 대개 1,500~1,800m 높이에서 자라며 한계선 부근에는 이 나무밖에 없다.

서쪽에서 백두를 오르는 완만한 능선의 사스래나무 군락은 그야말로 장관이었다. 그곳의 푸른 초원은 오직 사스래나무들만을 위한 낙원이다. 백두산 서파를

©박해정

셔틀버스로 오르내릴 때마다 그 멋진 길을 잠시나마 걸어보고 싶은 마음이 간절했으나 그곳 규칙상 차를 세울 수 없었다. 지성이면 감천이라더니 어느 해 관광객들이 밀려들지 않는 새벽에 서백두에서 일출을 보고 내려오면서 가이드에게 부탁해서 차를 세우고 해묵은 갈망을 이룰 수 있었다.

한여름에도 한기가 느껴지는 백두 고원의 푸른 하늘 아래 사스래나무들은 늠연했다. 나무들은 끝없는 만주벌판을 굽어보며 그 무엇도 방해할 수 없는 햇볕과 바람을 한껏 누리고 있었다. 그 땅은 분명 사스래나무들만의 영토였다. 영하 40도의 추위 속에서 온몸에 눈과 얼음을 두르고 칼바람을 맞으며 백 번이 넘는 겨울을 견디어내었으리라는 생각을 하면 그들의 영토는 대가 없이 얻어진 건 아니었다.

얼마나 뿌리가 강인하기에 그 거목들이 백두 고원의 거센 바람을 견딜 수 있었을까. 이 나무들의 수피는 어떻게 몇 달이나 혹독한 추위를 견딜까. 혹한의 칼바람을 맞느니 눈과 얼음옷이라도 입고 있는 게 낫지 않을까 싶었다.

근거 없는 추측이지만 이 나무의 희고 반짝이는 수피에 무슨 비결이라도 있는 듯하다. 추운 날씨에는 두꺼운 옷 한 벌보다 얇은 옷 여러 겹 입는 게 훨씬 따뜻하다고 배웠다. 겹겹이 줄기를 싸고 있는 수피는 얇고 하늘하늘하다. 이 나무는 혹독한 겨울의 칼바람에 조금씩 껍질이 벗겨나갈 것이다.

앞서 사시나무에 대해 쓴 글에서 김창진(金昌珍) 시인이 시어(詩語)로 쓴 '사실사실하다'라는 표현을 소개한 적이 있다. 그 '사실사실'이라는 의태어는 사스래나무가 얇은 껍질을 벗어가는 모습을 표현하기에 딱 들어맞다. 사스래나무의 이름은 그런 느낌에서 나오지 않았을까 하는 막연한 추측을 해 보았다.

백두산말고도 한라산, 설악산, 태백산, 지리산의 정상부에서는 이 나무를 만날 수 있다. 그 명산들의 꼭대기에 가서는 그곳의 큰 어른 같은 사스래나무에게 경의를 표하고 싶다.

# 백석의 시가 된 자작나무

**자작나무** *Betula pendula* Roth

유라시아의 한대 지역과 함경도의 고원 지대에서 20m 정도 자라는 갈잎큰키나무. 암수한그루로 4~5월에 잎이 나는 동시에 꽃이 핀다. 수꽃차례는 3~8cm 길이로 아래로 늘어지고 암꽃차례는 길이 2cm 정도의 방망이 모양으로 위로 솟는다.

산골집은 대들보도 기둥도 문살도 자작나무다
밤이면 캥캥 여우가 우는 山도 자작나무다
그 맛있는 메밀국수를 삶는 장작도 자작나무다
그리고 甘露같이 단샘이 솟는 박우물도 자작나무다
山너머는 平安道 땅이 뵈인다는 이 山골은 온통 자작나무다 민족시인 백석(白石)이 1938년에 함주에서 쓴 '백화(白樺)'라는 시다. 함주군은 함경남도의 남쪽 잘록한 부분에 위치한 지방으로 동쪽으로는 동해바다에 이르고 서쪽은 평안남도와 경계를 이루는 지역이다. 대체로 이 지역이 자작나무 분포의 남방 한계선이고 남한 지역의 숲은 조림한 것이다.

러시아와 몽골, 그리고 만주지역을 여행하면서 끝없이 펼쳐지는 자작나무 숲에 매료되었었다. 자작나무의 매력은 아무래도 하얀 줄기가 빽빽하게 무진장 늘어선 모습이 아닐까 싶다. 그 하얀 줄기는 여름의 푸르른 잎들과도 어울리고 가을의 노오란 단풍과도 조화롭다. 겨울에 잎을 모두 떨군 섬세한 가지들도 이국적인 시심(詩心)을 자아내는 풍경을 연출한다.

자작나무와의 잊을 수 없는 추억은 꽃벗들과 백두산 남쪽 자락을 탐사할 때였다. 고산에 비가 내려 음산한 날씨에 일행은 산지기의 외딴 움막을 찾아 따뜻한 물을 청했다. 언어는 통하지 않아도 눈빛으로 손짓으로 산지기는 우리의 처지를 완전히 파악했다. 그는 자작나무 장작불을 지펴 큰 주전자에 물을 끓이기 시작했다. 자작나무 장작이 자작자작 타들어가는 소리와 향긋한 연기가 일행들을 행복하게 해주었다. 그렇게 끓인 물로 탄 커피는 자작나무 향기가 짙게 밴 듯했었다.

자작나무는 만주와 시베리아의 지독한 겨울을 하얗고 얇은 껍질을 두르고 버틴다. 그런데 그 껍질이 여러 겹이고 기름 성분을 충분히 함유하고 있어서 나

무의 속살은 얼지 않는다. 기름 성분이 많은 껍질이 자작자작 소리를 내며 타서 그대로 자작나무가 되었다고 한다.

자작나무 숲은 사람은 드물고 숲은 끝이 없는 추운 나라의 원시림이다. 자작나무 잎이 황금빛으로 물들 때는 몽골의 초원에 가고 싶고 하얀 눈이 내릴 때는 한 닷새쯤 시베리아 횡단열차를 타고 싶다.

덕유산의 가문비나무 ⓒ이주경

# 아름다운 소리를 내는 가문비나무

**가문비나무** *Picea jezoensis* (Siebold & Zucc.) Carrière

지리산 이북의 고산 지대에서 드물게 자라는 소나무과의 늘푸른 큰키나무. 길이 1~2cm의 바늘잎 표면에 흰색 기공선이 있고 뒷면은 녹백색이다. 암수한그루식물로, 수구화수는 연갈색, 암구화수는 적갈색으로 4~5월에 수분한다.

지구 북반구 한랭한 지역의 침엽수림을 러시아 말로 타이가(taiga)라고 한다. 주로 가문비나무와 전나무, 잎갈나무 등이 타이가 삼림을 이루며, 50m 정도의 높은 키에도 서로 모여 의지하므로 추위와 바람을 이겨낸다. 가문비나무는 북한의 개마고원 일대에서 대규모 삼림을 이루는데, 남한 지역에서는 덕유산, 지리산, 오대산 등의 높은 지대에서 한두 그루씩 겨우 명맥을 유지하고 있을 뿐이다.

가문비나무의 이름은 수피가 검은 나무에서 유래했을 거라는 데에는 큰 이견이 없는 듯하다. 단순히 수피가 검은색이라는 의미로 검은+피(皮)에서 나온 이름이라는 유래설이 있고, 나무가 비자(榧子)나무와 비슷하다고 해서 검은+비(비자나무 榧)에서 나왔을 거라는 견해도 있다.

추운 곳이 고향인 가문비나무는 국내의 평지에서는 잘 자라지 못하므로 주변에서 볼 수 있는 가문비는 거의 유럽에서 도입한 독일가문비나무다. 이 나무는 개잎갈나무(히말라야시다)와 함께 풍치림이나 조경수로 심어져 사뭇 이국적인 분위기를 연출한다. 옛날 크리스마스카드에 등장한 이 나무들은 산타클로스가 사는 북방 추운 나라에 대한 막연한 동경심을 일으키기도 했었다.

가문비나무가 이국적인 느낌을 주는 건 가지가 밑으로 처지는 독특함 때문인 듯하다. 눈이 쌓이면 가지는 더욱 밑으로 처져서 멋을 부리다가 무거워진 눈을 아래로 미끄러트린다. 추운지방에서 살면서 가지를 보호하려는 나름의 지혜일 것이다. 가지만 처지는 것이 아니라 솔방울 같은 구화수도 아래쪽을 향해 달린다. 가문비나무와 비슷한 전나무나 분비나무는 가지와 구화수가 위쪽으로 향하는 차이가 있다.

눈의 무게가 아니더라도 이 나무는 성장할수록 아래쪽의 가지를 스스로 떨어뜨린다고 한다. 키 크기 경쟁이 치열한 거목들의 숲에서 빛을 받지 못하는 가지는 어차피 도태될 수밖에 없고, 그럼으로써 높은 곳의 가지에 물과 영양을 보다 많이 보낼 수 있을 것이다.

가문비나무는 명품 바이올린의 대명사인 스트라디바리의 울림판(響板)으로 쓰이는 데서 큰 자부심을 가질 듯하다. 울림판은 현에서 나는 소리를 크게 증폭시켜주는 역할을 하는데 이 나무의 목질이 그에 가장 적합하다고 알려졌다. 바이올린뿐만 아니라 다른 현악기나 피아노의 울림판으로도 최고의 목재로 손꼽힌다. 독일의 바이올린 장인 마틴 슐레스케가 작업장에서 길어 올린 365개의 맑은 생각을 담은 '가문비나무의 노래'라는 책이 한국어로 번역되어 출판되기도 했다.

가문비나무는 쉽게 만날 수 있는 나무는 아니어서 먼 발품을 팔아야 한다. 이 나무가 사는 곳은 내로라하는 우리나라의 명산 높은 곳이니 굳이 만나지 못하더라도 그 여정이 헛되지는 않을 것이다.

종비나무

*Picea koraiensis* Nakai

백두산 일대의 산지에서 높이 30m 정도의 원추형으로 자라는 늘푸른큰키나무. 안쪽으로 약간 굽은 잎은 길이가 1~2cm이고 횡단면은 네모꼴, 끝은 뾰족하다. 암수한그루로 5~6월에 달리는 구화수는 가문비나무에 비해 크고 길쭉하다.

# 마가목에서 배운 말 어금니의 모습

**마가목** *Sorbus commixta* Hedl.

중북부 이남의 높은 산지에서 6~12m 높이로 자라는 장미과의 갈잎소교목.
작은잎 9~15개로 이루어진 깃꼴겹잎이 어긋나며 잎 밑부분이 비대칭이다.
5~6월에 지름 1cm 미만의 작은 꽃들이 모여 피고 열매는 황적색으로 익는다.

마가목은 높은 산의 능선에서 존재감을 드러내는 중간 키의 나무다. 산의 높낮이를 가려서 자리 잡지는 않으나 설악산, 한라산, 지리산 같은 명산의 두드러진 곳에서 제법 운치를 뽐내는 나무들을 종종 만난 적이 있다.

마가목은 그와 비슷한 나무가 없어서 한눈에 알아보기가 쉽다. 봄에 작은 잎들이 깃 모양으로 펼쳐지는데, 여느 깃 모양 잎들과는 다르게 작은잎의 밑부분이 좌우가 비대칭인 특징이 있다. 오월에는 그 잎들 위에 하얀 꽃들이 화사하게 피어 아름다움을 한껏 뽐내고 꽃만큼 풍성한 가을의 열매는 주황색으로 익는다.

마가목의 꽃

마가목은 마아목(馬牙木)이 변한 이름이라고 한다. 봄에 길게 자라는 겨울눈이 말의 어금니를 닮았다고 하는데 말의 어금니를 본 적이 없다 보니 도무지 상상이 닿지 않았다. 상식적으로 초식동물의 어금니는 맷돌처럼 생겼을 터인데 삐죽한 겨울눈이 그걸 닮았다니 그냥 넘어가기에는 궁금증이 사그라들지 않았다.

의문은 말의 치아에 관한 여러 자료를 읽어본 다음에야 어느 정도 납득이 되었다. 말의 어금니는 늘 풀을 씹는 저작(咀嚼)활동을 해야 하므로 처음부터 길게 형성되어 잇몸 속에 묻혀 있다가 마모가 될수록 조금씩 밀려 나온다고 한다. 말이 중요한 교통수단이었던 옛사람들은 말의 치아에 대해 잘 알았을 것이다.

말은 앞니와 어금니 사이에 어른 주먹이 들어갈 만한 빈 공간이 있다. 옛사람들은 이 공간에 재갈을 물려 말에게 자극을 줌으로써 말을 뜻대로 부릴 수 있었고, 재갈은 어금니 바로 앞에 위치해서 자칫 염증이나 고통을 유발하므로 말의 치아 관리를 중시할 수밖에 없었을 것이다. 지금과는 달리 당시에는 말의 유해를 쉽게 볼 수 있었을 테니 그 긴 어금니의 뿌리까지 보았을 것이다.

마가목의 유래가 궁금하다 보니 그림으로나마 말의 입속까지 들여다보게 되었다. 말의 시대가 끝난 현대에 써먹을 수 있는 상식 같지는 않으나 식물 공부를 하면서 덤으로 말의 치아 구조와 조종 원리를 대강 이해하게 된 셈이다. 그 덕에 꽃 탐사를 하다가 마가목을 만나면 함께한 벗들에게 한 마디 할 수 있게 되었으니 기분 좋은 일이기도 하다.

# 수숫대를 닮았다는 쉬땅나무

**쉬땅나무** *Sorbaria sorbifolia* var. *stellipila* Maxim.

중부 이북의 숲가나 계곡에서 키 높이 정도로 자라는 장미과의 갈잎떨기나무.
잎은 작은잎 7~11쌍으로 이루어진 깃꼴겹잎으로 가장자리에는 겹톱니가 있다.
7~8월에 가지 끝에서 지름 7mm 정도의 자잘한 꽃이 원뿔모양꽃차례로 핀다.

무더운 여름 강원도 산길에는 쉬땅나무가 흔히 보인다. 봄에도 그 자리에 있었겠지만 하얀 꽃차례를 풍성하게 피워서 눈에 띈 것이다. 쉬땅나무는 동북아에 주로 분포하고 백두대간과 낙동정맥을 따라 내려온 북방계 식물이다. 그런 까닭에 낙동정맥의 중허리쯤 되는 경북 청송 지역부터 드물게 보이기 시작해서 북으로 강원도 쪽으로 갈수록 자주 보이다가 인제쯤 가면 아주 많이 눈에 띈다.

쉬땅나무는 무리 지어 자라며 사람들이 즐길 수 있는 적당한 높이에서 꽃을 피운다. 긴 수술이 40~50개나 달려서 설화(雪花)를 연상케 하는 꽃들이 풍성한 꽃차례를 이루므로 조경용으로도 많이 심는다. 그리고 풍부한 꿀을 가지고 있어서 꽃이 필 때는 벌들이 많이 찾는다.

쉬땅나무 꽃

쉬땅나무의 속명 'Sorbaria'는 속명이 'Sorbus'인 마가목을 닮았다는 뜻이다. 깃 모양의 겹잎이 아주 비슷하고 낱낱의 꽃도 상당히 닮았다. 다만 쉬땅나무는 꽃차례가 원뿔 모양으로 길쭉하고 마가목은 편평한 차이가 있다.

나무 높이가 사람 키 정도여서 숲속보다는 길가로 나와 자라는 걸 흔히 볼 수 있다. 얼핏 생각하기에 길가나 하천변의 쉬는 땅에서 잘 자라서 쉬땅나무인가 싶었다. 알고 보니 함경도 지방에서 수수깡을 '쉬땅'이라고 하며 꽃차례가 수수이삭을 닮아서 유래했다고 한다. 붉게 익는 열매차례가 수수이삭을 닮았다며 '수숫단'의 변음이라는 유래설도 있다. 꽃차례를 닮았든 열매차례를 닮았든 본질은 수수깡이고 함경도에서의 쉬땅이다. 이런 꽃차례로 꽃이 피는 물푸레나무과의 수수꽃다리도 수수의 이름을 빌려온 걸 보면 옛사람들의 일상에서 수수가 여러 가지로 쓰임이 많았으리라고 짐작된다.

쉬땅나무는 한방에서 생약명으로 진주매(珍珠梅)라고 부른다. 동글동글한 꽃봉오리들의 크기와 맑기가 정말 진주를 떠올리기에 충분하다. 쉬땅나무의 열매는 혈행을 좋게 하고 부기와 종기를 없애는 효능이 있어서 골절이나 타박상을 치료하는 데 쓴다고 한다. 요즘은 좋은 약들이 많이 나와서 쉬땅나무 열매가 약재로 쓰일 일은 거의 없어 보이지만, 진주매라는 이름에서 알 수 있듯이 사람들은 진주를 닮은 꽃망울에 매료되는 듯하다.

# 시닥나무 산겨릅나무 부게꽃나무

**시닥나무** *Acer komarovii* Pojark.

지리산 이북의 높은 산에서 4~8m 높이로 자라는 단풍나무과의 낙엽소교목.
암수딴그루로 5~6월에 지름 9mm 정도의 꽃이 피며 수술은 8개이다.
**청시닥나무**(*A. barbinerve*)는 잎이 얕게 갈라지며 꽃이 활짝 펴지지 않고 수술이 4개이다.

시닥나무와 산겨릅나무, 그리고 부게꽃나무는 나무 공부를 하면서 비로소 알게 되었다. 이 나무들은 높은 산을 찾는 사람에게만 살짝 보여주는 선물과 같다. 이 세 가지 나무들은 모두 같은 단풍나무속으로 특별한 미모를 자랑하는 자매들에 비유할 만하다.

이 나무들의 꽃은 서로 다른 모습으로 예쁜데 그중 가장 독특한 것은 시닥나무다. 시닥나무라는 이름은 '싣나무'와 함께 단풍나무붙이를 부르던 옛날 이름으로 여겨진다. 시닥나무의 꽃은 별꽃처럼 V자로 갈라진 꽃잎 다섯 장이 열 갈래로 보이며, 연두색 꽃잎에 노란 꽃밥에다 꽃줄기는 붉어서 색상대비 또한 아름답다. 암꽃은 꽃잎과 암술머리가 싱싱한 채로 단풍나무속 특유의 날개 달린 열매가 빨갛게 형성되므로 마치 시계꽃의 축소판을 보는 것처럼 아기자기한 모습이 된다. 시닥나무의 빨간 턱잎은 리본처럼 뒤로 도르르 말려서 예쁜 장식처럼 보인다.

시닥나무 꽃

산겨릅나무에는 히어리처럼 생긴 꽃들이 어사화처럼 늘어진 꽃차례에 졸망졸망 달린다. 대개 이렇게 늘어지는 꽃차례의 꽃들은 너무 자잘해서 낱꽃을 제대로 보기가 어려운데 산겨릅나무는 꽤 큰 꽃들이 달려서 제법 눈 호강이 된다. 산겨릅나무 이름에 들어간 '겨릅'은 삼베(麻)의 마른 줄기로, 속이 비어 있고 잘 부러지는데, 이 나무의 줄기가 이런 겨릅의 성질을 닮아서 붙여진 이름이라고 한다.

부게꽃나무에는 단풍나무 집안의 꽃이라고는 믿기 어려운 모양의 꽃이 핀다. 한 뼘 가까이 곧추서는 꽃차례는 꼬리풀이나 귀룽나무의 꽃을 닮았다. 기세 좋게 솟구치는 이 꽃차례는 설악산과 같은 험산 준령의 배경과 썩 어울린다. 꽃이 지고 나면 아래쪽에만 열매가 형성되고 위쪽 절반은 생선뼈처럼 앙상해지는데, 아래쪽에는 양성화가 피고 위쪽에는 주로 수꽃이 달리기 때문이다. 부게꽃나무라는 이름은 바로 이러한 독특한 꽃차례에서 유래했을 걸로 추측된다. '부게'는 명태를 말린 북어의 강원, 경기 방언인데, 이 나무의 별난 꽃차례가 바로 북어를 닮았다는 이름이다.

우리나라에는 여남은 종류의 단풍나무붙이가 있는데 앞서 언급한 세 가지만 특별한 꽃차례를 보여준다. 이 세 자매는 모두 높은 산에서만 볼 수 있으므로 그러한 꽃차례도 자생하는 환경과 관련이 있는 듯하다. 자주 볼 수 있는 나무들은 아니지만 이름의 유래를 짐작하고 나니 다음 만남은 훨씬 정겨울 것이다.

### 산겨릅나무

*Acer tegmentosum* Maxim.

지리산 이북의 높은 산지에서 높이 15m 정도로 자라는 갈잎큰키나무. 잎은 박쥐나무 잎의 모양과 비슷하고, 가장자리에 겹톱니가 있다. 암수딴그루이지만 드물게 수꽃그루에서 양성화가 피기도 한다. 5~6월에 연한 녹색의 꽃이 아래로 늘어지는 총상꽃차례에 달린다.

### 부게꽃나무

*Acer ukurunduense* Trautv. & C. A. Mey.

지리산 이북의 높은 산지에서 10m 내외로 자라는 갈잎큰키나무. 잎은 5~7갈래로 얕게 갈라지며 가장자리에 불규칙한 톱니가 있다. 수꽃차례와 수꽃과 양성화가 섞여 피는 수꽃양성화한그루 식물이다. 5~6월에 길이 10~20cm의 원뿔모양 꽃차례에 황록색 꽃이 달린다.

# 천삼으로 불리는 땃두릅나무

**땃두릅나무** *Oplopanax elatus* (Nakai) Nakai

지리산 이북의 높은 산지에서 1~3m 높이로 자라는 두릅나무과의 갈잎떨기나무.
줄기에 예리한 가시가 촘촘하고 잎은 폭 30cm 정도로 5~7갈래로 얕게 갈라진다.
암꽃수꽃양성화딴그루 식물로 6월에 한 뼘 정도의 원뿔모양꽃차례로 꽃이 핀다.

두릅나무의 순은 봄철에 즐겨먹는 계절의 별미다. 약간 쌉싸름한 느낌에 특유의 향과 상큼한 식감이 입맛을 돋운다. 두릅나무로 대표되는 두릅나무과 식물들의 면면을 보면 약용식물의 명문가 같다. 인삼, 오갈피나무, 음나무, 황칠나무, 땃두릅나무, 땅두릅 등등 모두가 건강식품이나 맛있는 식재료로 손꼽히는 풀과 나무들이다. 그런 연유로 이러한 식물들은 널리 재배되지만 야생에서는 생존을 위협받고 있다.

그중에서 야생의 인삼, 즉 산삼 다음으로 귀하게 치는 것이 땃두릅나무다.

이 나무를 광고하는 걸 보면 이름부터 천삼(天蔘)으로 지어서 마치 산삼보다 더 좋은 효능이 있는 것처럼 각색해서 사람들을 유혹한다. 이런 이름을 들으면 과거에 백선의 뿌리를 봉황삼으로 그럴싸하게 작명을 한 다음, 최고의 보약처럼 과장 광고를 해서 막대한 돈을 챙겼던 희대의 사기극이 생각난다. 天蔘의 정확한 풀이는 1등급의 홍삼 또는 오가피를 달리 이르는 말이다.

열매 ©전숙희

그렇지 않아도 야생에서는 고산 지대에서 드물게 자라는 이 나무가 천삼이라는 미명하에 무분별하게 채취되어 지금은 멸종을 염려해야 할 정도로 희귀한 식물이 되었다. 이렇게 된 것은 이 나무의 속명 Oplopanax나 옛 이름 자인삼(刺人蔘)과 관련이 있어 보인다.

우선 속명의 뒤에 붙은 'panax'는 그리스어로 광범위하다는 의미의 'pan'과 치유를 뜻하는 'akos'의 합성어로, 만병통치약이라는 의미가 되며 인삼의 속명으로 쓰인다. 앞에 붙은 'oplo'는 명확하게 설명한 자료를 찾지는 못했으나 유사한 학명이나 여러 정황을 종합해보면 이 나무의 줄기에 난 가시를 의미하는 듯하다. 즉 '가시가 있는 인삼'이 되고 이는 찌를 '刺'자를 쓰는 옛 이름 刺人蔘과 같은 뜻이다.

땃두릅나무와 헷갈리기 쉬운 땃두릅 또는 땅두릅은 여러해살이풀이다. 땃두릅나무와 혼동을 줄이기 위해서 땅두릅을 추천명으로 채택했는지는 알 수 없으나 땅에서 새싹이 올라올 때 두릅 순처럼 채취해서 먹었던 데서 유래한 이름으로 보인다. 땅두릅(*Aralia cordata*)보다 꽃자루(小花梗)가 짧은 변종은 독활(*A. cordata* var. *continentalis*)이라고 부른다.

아무튼 나는 땃두릅나무처럼 몸에 좋다는 것들을 먹고 무병장수하기를 바라지 않는다. 산과 들로 이런저런 식물들을 찾아다니며 그들의 이야기를 듣는 것만으로도 충분히 몸과 마음의 건강을 유지할 수 있으리라고 믿는다.

**땅두릅**

*Aralia cordata* Thunb.

전국의 그늘진 산야에서 키 높이 정도까지 자라는 두릅나무과의 여러해살이풀. 작은잎이 5~9개 달리는 2회깃꼴겹잎으로 잎자루 밑부분에 한 쌍의 턱잎이 있다. 7~8월에 줄기 윗부분에 공 모양의 꽃차례 여러 개가 원뿔모양꽃차례를 이룬다.

# 야생의 장미 인가목과 생열귀나무

**인가목** *Rosa acicularis* Lindl.

지리산 이북의 높은 산지에서 키 높이 정도로 자라는 장미과의 갈잎떨기나무.
줄기에 길이 4mm 정도의 가시가 있고 잎은 3~7개의 작은잎을 단 겹잎이다.
5~6월에 지름 4cm 정도의 진분홍색 꽃이 달리고 열매는 길이 1~3cm로 길쭉하다.

나는 어떤 식물을 대할 때 그 이름의 의미나 유래를 먼저 생각해본다. 그것이 명료해지지 않으면 답답증이 생기면서 그 식물과 좀처럼 친해지지 못한다. 사진을 찍을 때도 이름의 의미를 염두에 두고 그 느낌을 담아보려고 애를 쓰는데, 아무 생각이 떠오르지 않는 식물은 셔터를 누를 맘조차 내키지 않는다. 인가목과 생열귀나무도 그런 범주에 드는 나무 이름이다.

최근에 우리나라 식물 이름의 유래에 대하여 오랜 준비 끝에 출간된 책에서 얻은 정보를 요약하면, 인가목은 조선 후기에 발간된 물명고(物名攷)에 처음 등장하는 이름으로, 정확히 어떤 식물을 지칭하는지는 알 수 없고, 지팡이의 용도로 썼으리라고 추측할 따름이라고 나와 있다. 그리고 생열귀나무의 '생'은 '생떼'에서의 쓰임처럼 강조하는 의미의 접두사고, '열귀'는 아가위의 함경도 방언이라고 기술하고 있다. 이러한 유래설을 신뢰한다 치더라도 두 가지 식물의 형태나 쓰임을 볼 때 그럴싸하다는 생각은 들지 않았다.

인가목이나 생열귀나무는 찔레나무와 해당화와 함께 장미과 장미속(Rosa)의 나무다. 한마디로 야생의 장미요 들장미(wild rose)라고 할 수 있다. 들장미가 야생의 장미를 범칭하는 말이기는 해도 높고 깊은 산지에 자리 잡는 이 두 나무에게는 어울리지가 않는다. 내가 이들의 이름을 지어보라면 인가목은 '고산장미', 생열귀나무는 그냥 '산장미' 정도로 붙일 것이다. 썩 좋은 작명은 못 될지라도 이렇게 부르면 두 나무의 정체성이 확연하게 드러나서 직접 만나기 전에도 어렴풋한 모습은 짐작할 수 있지 않겠는가.

나는 우리 식물 이름이 이해가 되지 않을 때는 학명이나 일본명을 뒤적거리는 편이다. 학명은 대부분 해석이 가능하고 일본의 저명한 도감에서는 그 식물명의 유래를 설명하고 있기 때문이다. 인가목은 오오타카네바라(オオタカネバラ, 大高嶺薔薇)로 표기하고 있는데, 직역하면 '높은 산마루의 큰 장미'가 된다. 일본의 토종 인가목으로 여겨지는 타카네바라(*R. nipponensis*)가 있으므로 우리나라에 자생하는 인가목(*R. acicularis*)은 그 앞에 크다는 뜻의 접두사 'オオ'를 붙여 쓴 이름이다. 생열귀나무의 일본명은 카라후토이바라(カラフトイバラ, 樺太薔薇) 또는 야마하마나스(ヤマハマナス, 山浜茄子)로 '사할린 장미'나 '산이나 해변에 자라는 가지'라는 의미다.

조상 대대로 내려오는 고유의 식물 이름은 발굴하고 보전하여 쓰는 일이 당연하다. 그러나 인가목이나 생열귀나무처럼 도무지 뜻을 짐작할 수 없을 때는 이름뿐만 아니라 식물 그 자체까지도 정이 덜 간다. 누구에게 권유할 생각은 없으나 나는 이 나무들을 고산장미와 산장미로 기억할 것이다. 그렇게 해야 이 두 아이를 기꺼이 가슴으로 품을 수 있을 것 같다.

### 흰인가목

*Rosa koreana* Kom.

강원도 이북의 산지 능선이나 너덜 지대에서 키 높이 아래로 자란다. 7~11개의 작은잎이 달리는 깃꼴겹잎으로 작은잎의 끝이 둥글다. 5~6월에 지름 3cm 정도의 희거나 아주 연분홍색인 꽃이 핀다.

### 생열귀나무

*Rosa davurica* Pall.

강원도 정선, 홍천 이북의 산야와 계곡에서 키 높이 정도로 자라는 갈잎떨기나무. 줄기에 길이 2mm 정도의 미세한 가시가 있고 잎은 작은잎 7~9장의 겹잎이다. 6~7월에 지름 3.5cm 정도의 분홍색 꽃이 피고 열매는 지름 1~1.5cm의 구형이다.

# 꽃정향 따라 백두대간 걷는 날

**꽃개회나무** *Syringa wolfii* C. K. Schneid.

지리산 이북의 고산 지대에서 3~5m 높이로 자라는 물푸레나무과의 갈잎떨기나무.
잎은 타원형으로 양끝은 뾰족하고 뒷면에 잔털이 있으며 잎자루는 1~1.5cm다.
6~7월에 새가지 끝에서 길이 1.5cm 정도 되는 꽃들이 원뿔모양꽃차례로 달린다.

백두대간은 백두산에서 지리산까지 이어지는 한반도의 가장 크고 긴 산줄기다. 백두에서 시작하여 낭림산과 금강산을 거쳐 휴전선을 넘고 설악산, 오대산, 태백산, 소백산, 속리산을 품은 다음 지리산에서 대미를 장식하는 삼천오백여 리의 산맥이다.

꽃개회나무는 이런 명산들로 이어지는 능선을 따라 아름답고 향기로운 꽃을 피운다. 6월 초순쯤 지리산 높은 곳에서 피기 시작해서 백두대간을 따라 올라가며 태백, 설악, 금강을 지나 백두산 일대에서는 7월 중순에 만발한다. 이 꽃이 대간의 줄기를 따라 피는 까닭은 추위를 잘 견디는 북방계 식물인 데다가 키가 작아서 볕을 많이 받을 수 있는 높은 능선에 자리 잡기 때문일 것이다.

아무튼 한반도의 용마루처럼 가장 높고 긴 줄기를 따라 피는 이 꽃의 의미는 특별하다. 그러나 그렇게 멋진 곳에서 아름답게 피는 이 나무의 이름은 초라하기 짝이 없다. 분류상으로나 형태상으로 아무 관련이 없는 회나무에다 '개'를 뒤집어씌워 놓고는 좀 미안했던지 꽃이 예쁘다고 '꽃'을 덧대어 '꽃+개+회'나무라는 누더기 이름으로 만들어버린 것이다.

사실 개회나무붙이들에는 정향나무라는 제대로 된 이름이 있기에 아쉬움이 더하다. 이를테면 털개회나무는 정향나무, 꽃개회나무는 꽃정향나무라는 좋은 이름이 있다. 정향(丁香)은 꽃을 옆에서 보면 고무래 丁자로 보이며 향기가 좋다는 뜻이다. 이 나무 꽃의 모양과 향기를 온전하게 묘사한 정향이야말로 걸맞

은 이름인 것이다.

지금 국가표준식물목록을 보면 같은 Syringa속의 나무들을 지나치게 세분하고 정향나무와 개회나무라는 이름에 온갖 접두사를 조립해서 뒤죽박죽이 된 느낌이다. 오히려 '정향'이라는 좋은 이미지를 빌려간 협죽도과의 정향풀이 원래 제 것인 양 쓰고 있다. 정향풀은 꽃의 모양만 비슷할 뿐 향기가 없으므로 상당히 과분한 이름을 얻어온 셈이다.

이런저런 연유로 나는 '꽃개회나무'를 '꽃정향나무'로 불러야 속이 시원하겠다. 남북의 길이 열리면 백두대간 길로 이 꽃의 개화를 따라 백두까지 걷고 싶다. 지리산에서 꽃 필 때부터 백두산에 꽃이 필 무렵까지 한 달 남짓한 기간에 1,400km의 험산 준령을 넘는 건 초인이 아니고서야 불가능에 가까운 일이다. 그러나 통일의 그날이 오면 덩실덩실 춤추며 백두대간을 훨훨 날아갈 힘이 날 듯하다.

**개회나무**

*Syringa reticulata* var. *mandshurica* (Maxim.) H. Hara

지리산과 전남 백운산 이북의 산지에서 4~10m 높이로 자라는 낙엽 소교목이다. 잎은 달걀 모양으로 밑은 둥글고 꼬리가 길게 뾰족하며 잎자루의 길이는 1~2cm다. 6~7월에 묵은가지 끝에서 나오는 원뿔모양꽃차례에 길이 5mm 정도의 꽃이 모여 핀다. 꽃개회나무에 비해 잎이 넓고 흰 꽃이 피며, 향기가 좋아서 향수의 재료로 이용된다.

털개회나무

*Syringa patula* (Palib.) Nakai

전국의 산지 숲 가장자리나 개활지에서 2~4m 높이로 자라는 갈잎떨기나무. 잎은 끝이 뾰족한 달걀 모양으로 잎자루의 길이는 0.5~1.5cm이며 변이가 심하다. 4~5월에 묵은가지 끝에서 길이 1.5cm 정도의 꽃이 원뿔모양꽃차례로 달린다.

버들개회나무

*Syringa fauriei* H. Lév.

강원도의 일부 계곡에서 매우 드물게 자생하는 2~6m 높이의 갈잎떨기나무. 잎은 버들잎 모양으로 끝이 꼬리처럼 길게 뾰족하고 잎자루는 0.5~1.5mm다. 5~6월에 묵은가지 끝에서 5mm 정도 길이의 꽃들이 원뿔모양꽃차례로 모여 핀다.

## 발문

나는 이 책의 저자 무산(霧山) 이재능(李在能) 님이 지난 몇 년간에 걸쳐 꾸준히 간행해 온 네 권의 <꽃·나·들·이> 시리즈 책과 두 권의 별책을 그 준비 과정에 모두 훔쳐본 죄로, 아니, 어쩌면 그 공으로, 이 일곱 권째 책에 발문을 쓰는 부담을 지게 되었습니다. 아주 자랑스럽고 보람 있는 일입니다.

무산은 일찍이 육군사관학교를 졸업하고 오랫동안 전방에서 근무했습니다. 한때 육군대학에서 전술학을 가르치던 그는 준장 진급 후에 육군기계화학교 교장 보직을 맡는 등 군사교육에도 헌신했습니다. 2011년에 전역한 후 그는 현역 시절부터 길러 온 들꽃 탐사 취미에 심취했고 야생식물에 대한 저술에 열중했습니다.

한편, 무산은 자연을 사랑하며 야생화를 탐사하는 동호인 단체 인디카(indica.or.kr)의 회원으로 여러 해 동안 활동했습니다. 2014년부터 2년간 그 회장직을 맡았을 때 그는 여러 회원들과 협력하여 야생화 탐사 가이드 북 『오늘 무슨 꽃 보러 갈까?』(2015, 신구문화사)를 편찬하는 등 비범한 리더십을 발휘했습니다. 이 책은 식물의 생태와 분류에 대한 최신 정보를 반영하고 있어서 오늘날 모든 야생화 탐사가들에게 가장 믿음직한 도감으로 존중받습니다.

<꽃·나·들·이> 시리즈는 그 첫째 권이 2014년에 나온 후 지금까지 네 권이 간행되었습니다. 그러므로 제주도와 백두산 지역 들꽃 탐사를 위한 두 책의 별권을 포함한다면 제목에 '꽃나들이'가 들어간 책이 도합 여섯 권 나온 셈입니다. 이제 이 일곱 권째 책으로 무산이 애초에 마음먹은 시리즈 간행이 일단 마감된다고 합니다.

기왕에 출간된 여섯 권의 책에 이어 이 일곱 번째 책의 편집본을 읽으며 나는 이 시리즈의 몇 가지 특장(特長)에 대해 새삼스럽게 주목하게 됩니다. 우선 무산은 천부(天賦)의 이야기꾼입니다. 그에게는 해야 할 이야기가 많고 그 이야기를 하지 않고는 못 배기는 타고난 성향이 있다는 뜻입니다. 그의 이야기는 대체로 개인적 체험에서 근거하거나 전래의 전적(典籍)과 설화(說話)에서 유래하는데 드물게는 그럴듯하게 지어낸 픽션도 있습니다.

아무튼 무산은 이 이야깃거리들을 구수한 말솜씨로 서술합니다. 그의 입담은 많은 독서량으로 뒷받침되고 있어서 견실합니다. 그리고 탁월한 우리말 구사력에 바탕을 둔 그의 글 스타일은 거침없고 유려합니다. 여러 구절이 위트와 유머로 번쩍이고 해학적이면서도 싸구려 감상(感傷)으로 흐르는 일이 없습니다. 그래서 그런지 이 책의 독자들은 여러 대목에서 꽃을 상대로 조곤조곤 대화하고 있는 저자의 진지한 모습을 떠올리게 됩니다.

그리고 또 한 가지. 무산은 이 시리즈의 도처에서 식물 이름의 적정성 여부 규명에 집착하는데, 이 또한 그가 이야기꾼이기 때문입니다. 한 가지 식물에 대한 이야기를 하자면 그 식물의 아이덴티티에 대한 정확한 이해가 앞서야 하고 그 실마리는 무엇보다 이름에 있습니다. 이름의 유래가 분명하고 쉽게 수긍되는 식물은 우리의 친근감뿐만 아니라 탐구욕까지 유발합니다. 반면에 이름의 유래가 불명확하고 엉뚱하다면 친근감커녕 처음부터 소원해질 수밖에 없습니다. 그러므로 무산은 꼬투리가 있을 때마다 식물의 이름에 대해 따져보려고 합니다. 혹여 장차 우리나라 식물분류학계에 기적이 일어나서 식물 나라 호적을

총정리하면서 마땅치 않은 이름들은 버리고 올바른 명찰을 달아주는 꿈같은 날이 찾아온다면 이 일곱 권의 책에서 무산이 벌인 시시비비는 소중한 참고 자료가 될 것임을 의심할 수 없습니다.

다음으로, 이 <꽃·나·들·이> 시리즈가 지닌 식물도감으로서의 가치 또한 만만치 않습니다. 여느 식물도감과는 달리, 비록 식물 분류학에 근거하여 체계적으로 편집되지는 않았으나, 이 시리즈에 수록된 수많은 식물에는 빠짐없이 학명과 간략한 생태학적 설명이 달려 있습니다. 그리고 많은 종의 식물들이 근연종(近緣種)끼리 묶여 있어서 독자들에게는 편리한 참고 자료가 됩니다. 그뿐만 아니라 처음 세 권에 수록된 초본식물과 다음 두 권에 수록된 목본식물을 각각 아우르는 통합 <찾아보기>는 이 시리즈의 도감으로서의 가치를 높여줍니다. 그러므로 이 <꽃·나·들·이> 시리즈가 완벽한 도감의 경지를 넘보지는 않지만 그 실용성에서는 다른 어느 도감에 비해서도 별로 손색없다고 할 수 있습니다.

끝으로, 일곱 권의 책을 다시 훑어보자니 식물 탐사가와 저술가로서의 무산의 진면목이 새삼스럽게 내 눈앞에 부각됩니다. 무엇보다 그에게는 식물에 대한 태생적 애정과 탐사를 위한 열의와 뚝심이 있습니다. 그래서 그는 지난 10여 년간 "꽃이 들려주는 이야기"에 귀를 기울이면서도 지칠 줄 몰랐습니다. 그리고 그는 박식하면서도 현학적이지 않습니다. 그는 전문 식물학자에 버금가는 생태학적 식견을 가지고 있지만 언제나 아마추어로 자처하며 어느 한 대목에서도 지적 오만을 보이지 않습니다.

이제 다섯 권의 <꽃·나·들·이> 시리즈에 두 권의 별책을 합쳐 모두 일곱 권의 묵직한 책이 완간되었습니다. 이 책 한 권 한 권은 모두 식물에 대한 저자의 태생적 애착, 지적 호기심, 시적 상상력, 열정적 탐구욕, 전문가 수준의 촬영술, 무던히 온축한 인문학적 소양, 능란한 글솜씨, 끈질긴 추진력 등이 어울려서 맺어 낸 열매입니다. 이 시리즈의 간행 덕분에 식물 탐사가들은 자상하고 믿음직한 가이드 북을 가지게 되었습니다. 그리고 초심자들은 꽃의 아름다움에 대해 눈을 뜨게 될 것이고 경력자들은 식물의 생태에 대한 이해와 탐구를 심화할 수 있을 것이라 믿습니다.

2022년 8월

李相沃

서울대학교 명예교수

# 나무 이름 찾아보기

❹ 4권　❺ 5권

# 꽃들이 나에게 들려준 이야기

## 04 나무에서 피는 꽃

초판 1쇄 발행 2022년 10월 30일

지은이 이재능
펴낸이 김길준
펴낸곳 (학)신구학원신구문화사
디자인 최중원(pikant)
색보정 오명현

등록 1968년 6월 10일 제1-205호
주소 경기도 성남시 중원구 광명로 377 신구대학교 우촌학사 1층
전화 031-741-3055~6, 031-741-3054(팩스)
이메일 shingupub@naver.com
홈페이지 www.shingubook.com



ISBN 978-89-7668-255-0 04480
978-89-7668-204-8(set)